黄海

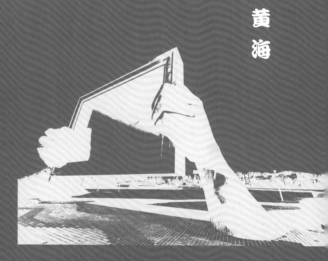

印象

Impression of
Yellow Sea

黄海
印象

曲金良　　赵成国◎主编

文稿编撰/张晶晶

中国海洋大学出版社
CHINA OCEAN UNIVERSITY PRESS

·青岛·

魅力中国海系列丛书

总主编　盖广生

编委会

主　任　盖广生　国家海洋局宣传教育中心主任
副主任　李巍然　中国海洋大学副校长
　　　　苗振清　浙江海洋学院原院长
　　　　杨立敏　中国海洋大学出版社社长
委　员（以姓名笔画为序）
丁剑玲　曲金良　朱　柏　刘宗寅　齐继光　纪玉洪
李　航　李夕聪　李学伦　李建筑　陆儒德　赵成国
徐永成　魏建功

总策划

李华军　中国海洋大学副校长

执行策划

杨立敏　李建筑　李夕聪　王积庆

魅力中国海
我们的
Charming China Seas
Our Ocean Dream
海洋梦

魅力中国海 我们的海洋梦

中国是一个海陆兼备的国家。

从天空俯瞰辽阔的陆疆和壮美的海域，展现在我们面前的中华国土犹如一个硕大无比的阶梯：这个巨大的"天阶"背靠亚洲大陆，面向太平洋；它从大海中浮出，由东向西，步步升高，直达云霄；高耸的蒙古高原和青藏高原如同张开的两只巨大臂膀，拥抱着华夏的北国、中原和江南；整个陆地国土面积约为960万平方千米。在大陆"天阶"的东部边缘，是我国主张管辖的300多万平方千米的辽阔海域；自北向南依次镶嵌着渤海、黄海、东海和南海四颗明珠；18000多千米的海岸线弯曲绵延，更有众多岛屿星罗棋布，点缀着这片蔚蓝的海域，这便是涌动着无限魅力、令人魂牵梦萦的中国海！

中国的海洋环境优美宜人。绵延的海岸线宛如一条蓝色丝带，由北向南依次跨越了温带、亚热带和热带。当北方的渤海还是银装素裹，万里雪飘，热带的南海却依然椰风海韵，春色无边。

中国的海洋资源丰富多样。各种海鲜丰富了人们的餐桌，石油、天然气等矿产为我们的生活提供了能源，更有那海洋空间等着我们走近与开发。

中国的海洋文明源远流长。从浪花里洋溢出的第一首吟唱海洋的诗歌，到先人面对海洋时的第一声追问；从扬帆远航上下求索的第一艘船只，到郑和下西洋海上丝绸之路的繁荣与辉煌，再到现代海洋科技诸多的伟大发明，自古至今，中华民族与海相伴，与海相依，创造了灿烂的海洋文化和文明，为中国海增添了无穷的魅力。无论过去、现在和未来，这片海域始终是中华民族赖以生存和可持续发展的蓝色家园。

认识这片海，利用这片海，呵护这片海，这就是"魅力中国海系列丛书"的编写目的。

"魅力中国海系列丛书"分为"魅力渤海"、"魅力黄海"、"魅力东海"和"魅力南海"四大系列。每个系列包括"印象"、"宝藏"、"故事"三册，丛书共12册。其中，"印象"直观地描写中国四海，从地理风光到海洋景象再到人文景观，图文并茂的内容让你感受充满张力的中国海的美丽印象；"宝藏"挖掘出中国海的丰富资源，让你真正了解蓝色国土的价值所在；"故事"则深入海洋文化领域，以海之名，带你品味海洋历史人文的缤纷篇章。

"魅力中国海系列丛书"是一套书写中国海的"立体"图书，她注入了科学精神，更承载着人文情怀；她描绘了海洋美景的点点滴滴，更梳理着我国海洋事业的发展脉络；她饱含着作者与出版工作者的真诚与执著，更蕴涵着亿万中国人的蓝色梦想。浏览本丛书，读者朋友一定会有些许感动，更会有意想不到的收获！

愿"魅力中国海系列丛书"能在读者朋友心中激起阵阵涟漪，能使我们对祖国的蓝色国土有更深刻的认识、更炽热的爱！请相信，在你我的努力下，我们的蓝色梦想，民族振兴的中国梦，一定会早日成真！

限于篇幅和水平，书中难免存有缺憾，敬请读者朋友批评指正。

盖广生
2014年元月

*P*reface 前言

Impression of Yellow Sea

　　这是一片充满魅力的海域，她与渤海、东海紧紧相依，与南海深情相望，一同绘制出属于中国的蓝色疆土。黄海，一个有着与海之蓝截然不同的命名，引起我们对这片海域的无限遐想。听说这是秦始皇东巡至海的终点，听说这里深藏神仙出没的海岛，听说这看似平静的海面曾是硝烟弥漫的战场，听说美丽的湿地其实有着凄婉的故事，听说……走进黄海的世界，从最初的印象启程，让我们于字里行间依依描摹出黄海的立体形象。

　　初识黄海，不仅引领你历数黄海海域的主要海岛与海湾，还将为你揭开黄海现象的神秘面纱。读黄海气候，了解这片海域的心性与脾气；看潮涌潮落，掌握魅力黄海的每一次脉动，还有那些引领鱼群的海流、迷蒙欲滴的海雾、如梦似幻的海滋，在此都纷至沓来、粉墨登场，共同构成一片欢乐而神秘的海洋天堂。

　　大美黄海，将为你展开一幅恢弘秀美的海疆图画。与齐鲁大地连通经脉，同东北三省精彩对接，在辽阔的黄海之中，无数岛屿点缀其间："东隅屏藩"刘公岛、"五彩缤纷"长山岛、"千古传奇"田横岛、"始皇绝迹"秦山岛等共同组建海岛家族，热情召唤你的到来！而在滨海境地，海与陆的别致演绎更是孕育出片片景区：崂山、旅顺口、成山头等绝代佳境将为你倾情奉献海景盛宴。当然，黄海之美不止于此，还有水草肥美、候鸟蔽日的海滨湿地等你品读她背后的梦幻与深邃。

　　霓彩黄海，融合海洋与都市之气息，串联海岸与海城之姿彩，将魅力海城与特色海运编绘成章，与你共享。浪漫之都大连、帆船之都青岛、魅力边城丹东、江海明珠南通……跨越三省，海城经脉相通；远渡江海，航运纵横四海。

　　徜徉在知识的海洋里，让《黄海印象》带你了解黄海，而潜游于图文的海洋中，相信《黄海印象》会让你爱上黄海。海浪起伏，心潮涌动。就在下一秒，打开一本书，了解一片海，酝酿一个梦。

Contents 目录

Impression of Yellow Sea

黄海印象

01

02

03

霓彩黄海/083

初识黄海

01

> > > 01 > > >

　　在中国大陆和朝鲜半岛之间，有一片富饶的海洋。鸟瞰整片海域，大小岛屿星罗棋布。这里曾是传说中神仙出没的人间仙境，云雾弥漫中藏匿着大海神秘的底色；这里曾是秦始皇一路东行的终点，沧海中写进了历史斑斓的过往；这里更是海滨人民世代休养生息的家园，串串渔歌中传递出渔民生活的欢乐与幸福……

　　轻启书页，让我们一同走近这片独具魅力的海域！

丹东市

长山群岛

大连市

老铁山西角

蓬莱市

烟台市　威海市

鳌山湾

胶州湾

青岛市

黄海

日照市

海州湾

连云港市

济州岛

南通市

崇明岛

概 况

　　大约在距今6000年以前，潮涨潮落间，黄海便大致形成了今天的模样。这片位于中国大陆和朝鲜半岛之间的陆架浅海，面积约38万平方千米，平均水深达44米。滚滚黄河东流入海携带大量的泥沙，再加上淮河、鸭绿江等河流纷至沓来，黄海一时间成为世界各边缘海中接受泥沙最多的海域。丰富的悬浮物质在海蓝的底色中注入了浑然不明的黄色色调，使这片海域从此有了形象的专属之名——黄海。

　　从地图上看，黄海西靠我国大陆，东临朝鲜半岛，南侧以长江口北角启东嘴与济州岛西南端之间的连线与东海相连，西北经渤海海峡与渤海相通，东南则经济州海峡、朝鲜海峡与日本海相连。

　　若从自然地理、地质矿产等特征来划分，黄海又可一分为二。人们常以我国山东半岛东端的成山角与朝鲜半岛长山串之间的连线作为分界线，将黄海分为南、北两部分。北黄海海底平缓，海水较浅；辽东和胶东近岸海域的岛屿棋布其间，构成生动的海景画卷。南黄海则坐拥30万平方千米的辽阔疆域，将近北黄海面积的4倍之大，海底地势由西向东呈现出明显的倾斜，于济州岛北侧达到最大水深144米。

🔺 黄渤海分界线

海 岛

相传在很久以前，慷慨的海龙王随手一挥，颗颗闪烁的珍珠随之被播撒于波涛汹涌的黄海沿岸，大大小小的海岛霎时犹如从天而降的精灵，从此安身于这片辽阔而神奇的海域。它们犹如一颗一颗璀璨的宝石，镶嵌于黄海蓝色的绸缎上，虽遗世独立，但绝不孤单，因为它们已自成一个缤纷的乐园：这里有鸥鸟吟唱，有浪花伴舞；有神仙传说，有帝王踏访；有数不完的天作美景和道不尽的历史故事……

长山群岛

在我国辽东半岛的东南海面上，有一片星罗棋布的岛屿群落。它由大小122个岛和260多个礁组成，横跨我国黄海北部疆域，总面积达170余平方千米，这里便是闻名退迩的长山群岛。

乘飞机俯瞰这片群岛，若干岛屿分成几个小组，它们相互簇拥，构成了以大长山岛、小长山岛、广鹿岛、獐子岛、海洋岛为中心的几大分支岛屿群。如今，当我们再次欣赏这片蔚蓝中的碧岛，已很难想象远古时期这里曾是广袤陆地的模样。历史中的中韩古陆，正是在断裂作用下被迫与辽东半岛分离开来。而冰后期的几次海侵，更使高耸的峰岭被雕琢成如今这里的海岛。

长山群岛蚧巴坨和万年船

由于地处亚欧大陆与太平洋之间的中纬度地带，长山群岛呈典型的温带季风性气候，虽难逃大陆的影响，但它更深受海洋的润泽。这里年平均气温10℃，全年降水量640毫米，长达213天的无霜期使这里成为辽宁省无霜期最长的地区。

每年4、5月份，当槐花的香气弥漫大街小巷，黄海暖流和台湾暖流便会如约而至，先后在这里与我国北部沿岸寒流交汇相拥。一时间，冰冷的海水变得暖意融融，不仅下层的营养物质开始躁动不安，就连上层海水中的浮游生物也变得丰富起来，大量鱼虾你拥我赶来此狂欢，辽阔的黄海开始变得生机盎然！

一方水土养一方人，生活在长山群岛的人们是幸福的，因为优越的地理条件是上天赐予他们的福祉。然而，这里的居民也不负大自然的恩情，他们用勤劳的双手、聪慧的头脑，将自己的家园打造成"理想的伊甸园"。根据岛上的自然条件，海岛人民把群岛的山山水水规划得井然有序：岛上的大小山头，被茂密的松树、槐树、柞树等植被覆盖，形成一片苍翠的底色；海拔50米以下的地方是层层梯田，恍若南方乡土，只是多了一丝海洋的气息；再往下直伸向海边被打造成平整的园田，果树飘香，秧田成趣；靠近大海处，成片的人工养殖场映入眼帘。仔细倾听，你能在微微涛声中辨别出小鱼和小虾的耳语吗？……

长山群岛

獐子岛

哈仙岛五虎石

前三岛

"传闻海上有仙山，山在虚无缥缈间"，轻撩云雾，三座岛屿犹如三星悬坠，于黄海之中若隐若现。

"敢问龙王，这就是传说中的前三岛吗？"

"没错，此处即是！"

前三岛，栖身于山东日照市以南、江苏连云港市以东的海州湾内，由车牛山岛、达山岛（也称达念山岛）、平岛（也称平山岛）三岛组成，陆域面积共计0.321平方千米。三岛之中，平岛的面积最大；达山岛次之，与陆地相隔最远；车牛山岛居三岛中的最南端，面积也最小。

前三岛位于东经119°47′~119°57′，北纬34°38′~35°10′之间，虽面积不大，其重要性可不可小觑。在历史中，前三岛凭借其险要的地势成为我国海防要地。在中日甲午战争、抗日战争中，看似娇小的岛屿却勾起了外寇巨大的侵略野心，于是，在这里上演了一段又一段可歌可泣的海防之战。如今，著名的海湾渔场便在该海域，自是价值非凡。

前三岛一角

 车牛山岛

前三岛风光

历史的硝烟已随风而逝，而生长于斯的岛民却将数百年的渔业文化世代传承。渔船不断更新改良，养殖面积逐日扩大，拦海大堤从无到有，各种海珍从家院走向世界……

与民风相映的气候特征、独特的地理位置赋予了前三岛温和的品性。海洋过渡性气候使这里空气湿润、气温舒怡。因此，这里不仅是渔民生活的福地，更是各种海鸟繁衍生息的乐园。高达80%的植被覆盖率使岛上的土壤更加肥沃，众多蕨类植物在此扎根，数种名贵草药于此滋长，还有人工栽植的松、柏、杨、槐等植被，使前三岛草木葱郁、苍翠遍野。

在前三岛，海蚀现象的无心雕琢却成就了另一片自然景观。在这里，你总会发现多层危岩峭壁，它们早已习惯浪涛的捉弄，像逆来顺受的老伴儿，在时间的销蚀下渐渐被对方改变了模样和性格。你看它们依然俊秀美丽、身姿百态，岩石呈白、灰、黑、绿色，各种色调将脚下的海蓝映衬得更加沁人心脾，谁能阻挡一切生灵对这里的倾心向往呢？

前三岛的"鲁苏之争"

在山东日照，素有"看日出扶桑，观海市三岛"之说，这里的"三岛"即是前三岛。然而，岛上却有一个怪现象。据当地渔民透露，每年的"八一"建军节，前三岛上的驻军除了接受来自连云港市政府的慰问，也要迎接来自日照市政府的慰问。这是为何呢？原来，由于该岛距离日照和连云港的距离均在50千米左右，所以，对于前三岛的行政归属问题一直存在争议。1992年，伴随新亚欧大陆桥的开通运营，连云港和日照成为新亚欧大陆桥东方"双桥头堡"，两者不约而同地都将前三岛看作发展本省海洋经济的战略要地。

灵山岛海蚀　　　　　　　　　　　　　　　背来石

灵山岛

　　在青岛西海岸的灵山湾内，一座小岛陡然耸立，于海浪之中灵气逼人，它就是灵山岛。从远处望去，岛屿如一颗泪滴轻盈点缀，仿佛藏匿着一段动人的传说。

　　传说东海龙宫里有个名叫水灵的姑娘，她是龙王的女儿。因被灵山岛的美景所吸引，水灵从东海龙宫中背来一块千年灵石，安置在岛上与之为伴。龙王为其流连忘返的行为大动肝火，派人将水灵抓回了龙宫，唯有那块灵石就此留在了岛上，被人们赋予了形象的名字——"背来石"。

　　灵山岛，有着"海上桃源"之美誉，难怪龙女都置华丽的深海闺房于不顾，前来一睹这片海洋天堂。其实，灵山岛的魅力之源部分在于其"站得高远"，其以513.6米的海拔高度，在我国北方岛屿中傲视群雄，成为中国北部海域第一高岛。站得高自然看得远。从灵山岛向西5.3海里外便是最近的陆地大珠山，向北9海里是积米崖，西北方向22海里便可感受到青岛市的都市气息。

　　翻阅《胶州志》，灵山岛的形象在字里行间逐渐变得立体而生动："先日而曙，未雨先云，若有灵焉。"7.66平方千米的灵山岛虽然面积不大，但它山高海阔、气象万千、峰峦起伏、植被葱郁，这一切不仅成就了一片旖旎的山海风光，也让每一个生活于此的岛民倍感荣幸。

据《胶州志》记载，早在5000多年前的大汶口文化时期，灵山岛上便有了人类生存繁衍的迹象，只是这个本该平静闭仄的海上孤岛频繁遭遇海盗的侵扰，一直待到战国以后秦朝初期，才有人长居于此。虽依旧难逃海盗的多次侵犯，但灵山岛从此有了居民相伴，人与自然的和谐随之相生。

灵山岛人世代以打鱼和水产养殖为生，生活虽然艰苦但也不乏乐趣。浇一亩薄田，撑杆垂钓于崖石之滨，想必也是别样人生吧！

⬆ 灵山岛烽火台

⬆ 灵山岛风光

⬇ 灵山岛渔场

海 湾

　　情不知所起，一往而深。海与岸的交融，注定是这世上最美妙的相会。在海水与海岸的相互作用下，一个个海湾悠然而生。它们见证了海为岸从汹涌澎湃到平缓温柔的改变，也见证了岸向海张开臂弯的深情。在渔民的眼中，海湾是一个温存的归宿；在游人的眼中，它是赏海观涛的佳境；而在科研人员的眼中，它又是资源丰富、有待开发的宝库。准备好你的行装了吗？沿着黄海绵延的海岸线，到每一处海湾稍作停靠，听海与岸的私语，观浪与沙的相拥。

胶州湾

　　在我国山东半岛南部有一个半封闭型的海湾，它以团岛头与薛家岛脚子石间的连线为界，与黄海相通。从高空俯瞰，湾口狭窄朝向东南，湾内水域开阔，恰似一个"大肚水瓶"将满仓的精华向黄海倾情奉献，它就是黄海著名海湾——胶州湾。

胶州湾，又称胶澳。海湾东西宽27.8千米，南北长33.3千米，湾口最窄处仅有3.1千米。长达187千米的海岸线，随着海滨地势蜿蜒走笔，描绘出胶州湾独特的轮廓。若从内部细分，从团岛头到黄岛黄山咀之间的连线，又可将胶州湾划分出内湾与外湾。沧口湾、阴岛湾深居内湾，而黄岛前湾、海西湾等小湾则驻守外湾。崂山山地与珠山山地毅然矗立在海湾东侧和南侧，胶莱河平原与丘陵则横卧海湾北部与西部，共同构成四周的陆域风貌。海泊河、李村河、白沙河、墨水河、洪江河、桃源河、大沽河、南胶莱河、洋河、曹汶河、岛耳河、龙泉河、辛安河等大小河流一路风尘仆仆，不约而同地在此汇聚入海，美丽的胶州湾因有了河流的涌动而欣欣向荣，呈现出一片欢腾的气象。

轻启那尘封已久的黄色书页，找寻历史中胶州湾的蛛丝马迹。原来早在11000年前，海水大肆入侵，使原来的构造盆地从此淹没于汪洋之下，这才有了此海湾的诞生。在古代它被称为少海，也称幼海，后来改称胶澳，直到近代才有了"胶州湾"这个名字。一次位于胶南县城南三里河的考古挖掘为我们揭开了这里的史前面纱。龙山文化层和大汶口文化层在此重叠堆积，层间出土的殉葬品如海螺、蚌器等，为我们记录下该地先民在胶州湾畔渔猎活动的足迹。

朝代更迭，原来的历史风貌早已难觅踪影，换之以青岛这座魅力之都为胶州湾带来时代的脉动。胶州湾，可谓青岛市的母亲湾，湾内风平浪静，港阔水深，著名的青岛港便位于

胶州湾一角

⬆ 胶州湾隧道

此。这里东南山丘环抱，绿树成荫，岬角、沙滩错落有致。乘轮船横渡胶州湾，彼岸那些顶着红瓦的各式小楼依山而居，在碧海蓝天间格外夺目。

如果说一个岛锁住一颗心，那么一片海湾则孕育了一城的繁荣。青岛市的繁荣发展不仅得益于得天独厚的自然条件，更离不开胶州湾这一天然良港的无私馈赠。"拥湾发展"的战略眼光首先投向了港湾的运输发展：历经百年建设，作为我国五大港口之一的青岛港已坐拥15座码头，72个泊位，与世界上130多个国家和地区的450多个港口有着贸易往来；青岛轮渡码头自1986年建成运营以来，每天运送旅客约2万余人次，通过海上6.5千米的路线要比陆上绕道胶州湾高速缩短路程100多千米。2011年6月，历时4年精心打造的胶州湾跨海大桥正式通车，从此，人们不再以轮渡作为青岛至黄岛间的唯一海上交通途径。驱车行驶于跨海大桥，仿佛"滑翔"于海湾之上，这不仅是此岸与彼岸的连接，更是人与自然的完美融合。与其他拥有跨海大桥的海湾不同的是，胶州湾海底还建有一条穿越胶州湾的海底隧道更加方便快捷。正是海面海底，天堑同变通途。

海州湾

在南黄海的西部有一片辽阔的海湾，名为海州湾。它位于江苏省最北端，向东以岚山头与连云港外的东西连岛间的连线为界，与黄海的深远海域相通。受燕山运动断裂的影响，苏鲁隆起处，海湾北部轮廓清晰可见；隔湾相望，苏北拗陷处覆盖着深厚的第四纪沉积物，在斗转星移间形成了连云港海峡等南部海岸地貌。这一南一北陆地的怀抱中，便是海州湾的居所。

海州湾因临近海州而得名，宽42千米，岸线长达86.81千米，海湾面积约876.39平方千米。北有老爷顶守望，南有云台山扼守，西侧是平缓的冲积平原和剥蚀平原，沿岸有绣针河、龙王河、青口河、新沭河、蔷薇河相继流入湾中，河海交汇处生机无限。

追溯海州湾的历史印记你会发现，其实它原是一个年轻的海湾。因为在康熙五十年（1711）以前，这里还不能称为海湾，当时的云台山尚未回归陆地而是海中孤岛，那时人们称之为郁州。随着黄河泥沙不断向三角洲地区推进，云台山以西的海峡难逃被淤塞的命运，康熙五十年，海峡两侧的滩

⬆ 海州湾海滨

⬆ 海州湾一角

地终于相接，云台山从此与大陆紧密相连。1851年，海峡成陆，海州湾遂见雏形。

与年轻的海州湾不同，海湾沿岸的历史文化却是源远流长。穿越屏山南麓的桃花洞，从东海县大贤庄的旧石器遗址看，这里的先民早在约20000年前便展开了渔猎活动。约4000年前，沐浴在大海之中的郁州岛民乃东夷部落的一支，他们以凤为图腾，依海而居，逐浪而行，渔猎为生，缔造了丰富的史前文化。

辗转数百年，如今的海州湾已形成了较为稳定的自然特征。这里年平均降水量接近1000毫米，每年自6月起雨水显著增多，至10月形成折点，雨量锐减，到次年3月才能熬过一年一度的旱季。伴随雨水而至的是海湾的雾气。在这里，每到春季、夏初，入海变性高压催生出大量的平流雾，5月至最大值。每到此时，海湾的空气变得格外湿润，漫天大雾将碧蓝的海水包裹在一片朦胧之中，虚无缥缈间恍若隔世，难分天上人间。

这是一片富饶的海湾，优越的地理方位使这里成为我国著名的八大渔场之一——海州湾渔场。每逢春暖花开，随着水温回升，多种鱼类来到海湾产卵、索饵；进入冬季，再集体回游向外海迁移，寻找更适宜的居所。鲻鱼、鲅鱼、河鲀、鲐鱼、带鱼、对虾等经济鱼虾类是这里的特色海产；当然，人工养殖的海带、紫菜和贝类也蔚为大观。

这又是一片景色秀丽的海洋天堂。2011年5月19日，国家海洋局公布了中国首批国家级海洋公园

🔺 海州湾渔场

名录，海州湾荣列其中。它是7个国家级海洋公园中面积最大的，也是江苏省唯一被列入国家级海洋公园名录的海洋公园。南北过渡带的自然地理条件，造就了蜿蜒曲折的海岸线和怪石嶙峋的各色海岛。基岩海岛、40千米沙滩、30千米基岩海岸、泥质海岸以及海岛森林构成了典型的海岸岛礁自然地貌区。百闻不如一见，理想之地就在你踏出的第一步开始变得不再遥远。前往海州湾，寻找属于你的阳光、沙滩和海浪吧！

鳌山湾

在崂山湾北部，有一片三面环山的海域，它起自鳌山头，顺时针相继绕过鳌山卫、温泉、王村、田横4处乡镇沿岸，最终抵达女岛。宽约15千米的湾口把守整个海湾，与东南侧的黄海亲密连通。这里因依傍鳌山而得名鳌山湾。

鳌山湾，面积约250平方千米，水深2~10米。湾内分布有大桥和黄埠两处海滩，赶嘴岛、张公岛、北礁等9个岛礁点缀其间，于海潮中若隐若现。海湾周边，除了鳌山头、女岛、黄埠等地属于岩岸外，其余多为泥岸或沙岸。位于鳌山头北部的七沟村，因村南有7条沟渠而得名。这里渔业资源丰富，并建有渔船码头。每当夜幕降临，远航归来的渔船得以靠岸，它们放下一身的重负，悠然停靠在岸边，等待下一个朝阳。这些简易古朴的小船，不仅是渔民赖以生存的宝贝，也是摄影爱好者镜头中的宠儿；那些凝固的瞬间不仅记录了渔舟百态，也记录了渔民心中的美好夙愿。

连云港

　　你可知道，历史上著名的鳌山卫就坐落于鳌山湾畔。这是一座迷人的滨海小镇。它的魅力之所在，不仅因为其在明朝就被设为海防要塞，史曰"形胜为东方冠"，还在于它拥湾而立，将海湾美景尽收眼底。享誉全国的即墨温泉同样亲昵于鳌山湾畔。在温泉镇，大大小小的温泉有百余座，水温一般30℃~60℃，最高能达到93℃。看似清透的泉水中，其实富含氯、钠、钾、镁等10余种化学元素，具有极高的医疗价值。品一品海味，泡一泡温泉是人们到此度假的不二选择。

　　鳌山湾畔的曼妙风情是围绕山、海、岛、滩、林五点全方位展现出来的。这里不仅有满园葱郁的豹山森林公园，有道教文化浓厚的鹤山风景区，有高险陡峻的天柱山、水清沙细的金沙滩，还有茶香弥漫的鳌福茶园和有着百年栽培历史的花卉观光园。这里山海相映、海岛相拥、泉海相融，这里几乎汇集了全中国北方滨海旅游的所有元素。多年来，工业在此处的滞后发展，反而使今天的鳌山湾纯然天成、秀丽怡然而不失本色。

　　如今的鳌山湾不必再孤芳自赏，得天独厚的自然条件潜藏着巨大的发展前景，也因此吸引了规划者的目光。经过精心打造，一个崭新的"时尚高地"由此崛起。2012年10月4~7日，"2012中国（即墨）国际时装季"在美丽的鳌山湾畔正式拉开帷幕。一时间，国内外时尚品牌企业领袖、设计领袖、行业机构领袖及相关行业群贤毕至，以即墨市为中国时尚的龙头力量之一，逐渐建立起时尚界的"博鳌"，未来的鳌山湾就此将更加光鲜、更加美名远扬。

⬆ 鳌山湾

现　象

　　大自然的神奇之处就在于那似是而非之中。就像我们从小生活在海边，依然会对大海有着某种陌生感。那是不明方向的风，那是忽然而至的浪，那是云雾遮蔽苍穹，那是绿苔涂改海蓝。如同"最熟悉的陌生人"，浩瀚无边的黄海气象万千，时而静宜美好，时而高浪叠涌，然而万变不离其宗，总有一个规律掌控其中。走近黄海，从自然现象穿越内在肌理，发现之旅，从此刻启程。

气候

　　一方水土的脾性，与当地的气候特征有着千丝万缕的联系。看似天各一方的两物，会在大自然的安排下神奇地如约而至，相互影响，相互磨合，无心而为却酝酿了另一片烟雨。在这里，黄海与气候因子无所谓谁是主角，不过，想要更深地了解黄海，首先要掌握这里的气候特征。

　　地处北纬33°~45°，辽阔的黄海地跨温带与亚热带：北部属温带季风性气候，中南部则属于亚热带季风性气候。在这里，调皮的季风随季节轮换往来于海面上空，使黄海海域冬季寒冷而干燥，夏季温暖而潮湿。1月气温最低，8月气温爬升至最高点。每年4月，进入交替季节的季风开始变得暖意融融，由北转向南逐渐盛行开来。与海风相伴的还有雨水，湿润的南黄海年降水约1000毫米，而北黄海则仅有500毫米。每年6~8月，黄海便喜迎雨季的到来，短短三个月的降水量便可占全年的一半之多。

海雾

　　生活在黄海之滨的人对于海雾一定不陌生，越是靠近大海生活，越能感受到这种爱恨交加的特别情愫。那是云海相依、烟雨朦胧的梦幻之境，再快的生活节奏都会停留片刻，勾出一丝浪漫的情怀，定一定神，看一看海，做一做梦；那又是"雾里看花终隔一层"的叹息，是拥堵的公路上行速更慢、频频看表的焦灼，是不敢深呼吸不敢露真容的无奈与自持。每逢春夏之际，团团海雾拥岸前行，不管你是否关注，它就在那里，不卑不亢，来去自由……

　　海雾，是发生在滨海、岛屿上空或是海上低层大气的一种水汽凝结现象。由水滴或冰晶集结的队伍大量聚积，可使周围海面水平能见度低于1000米，有时甚至低于50米，这无疑会对海上交通以及港口航行船舶带来极大的安全隐患。一份由青岛海事局提供的不完全统计结果显示：在海域内碰撞或搁浅的事故中，近50%是受海雾的影响，由此可见海雾这一"致命杀手"的威力。

雾中青岛

黄海是我国海雾发生最频繁的海区之一。随着时间和空间的变化，海雾的出没呈现出明显的规律性。一般从3月中旬开始，海雾渐起；7月份海雾乘势而起最为繁盛；进入8月开始走入低迷，骤减的趋势令人咋舌。不过，在这长达5个月的时日里，黄海海雾可谓出尽风头，它们随北上的步伐逐渐增加雾量，纬度越高雾越大。当然，这与海水表面温度越来越低，有利于暖湿水汽降温凝结有着密切的关系。

唯有到了夜间，海雾才逐渐蔓延到沿海内陆地区，为市民换一换城市风景。在云图中我们还能观测到动态的海雾，只见它们整齐划一，呈刚性的平行移动，虽然位置存在变化，但整体上雾团形状基本保持不变。认真观察你会发现，70%的黄海海雾生成于人们熟睡的午夜时分。

⬆ 海雾

⬆ 雾中大连

除了大气因子，海流也是影响海雾生成的水文因素之一。这就为我们解释了"为什么黄海东西两岸的海雾要多于中部"的原因。与此同时，黄海西岸海雾多于东岸，同样与西岸的沿岸海流有关。当沿岸冷流自北向南流过，所经之处的海面，特别是表层水温梯度较大的冷暖海流交界区域，正是平流冷却雾的生源地。

黄海的多雾区主要集中在黄海西部成山角至小麦岛，北部大鹿岛到大连，东部从鸭绿江口、江华湾到济州岛附近沿岸海域。其中，成山角以年均雾日83天（最多一年达96天），最长连续雾日27天的纪录，一举夺下"雾窟"之称。

若恰逢海雾弥漫的日子，你便会有幸感受到胶州湾别样的风情。在胶州湾一年之中，4~7月海雾盛行。每到傍晚，华灯初上也正是海雾悄然而至的时分。它们团团相拥，一起涌向夜幕下的海滨。一时间，空气中随处弥漫着海水的潮咸，悬浮于空气中的水分子自由地飘移、翻腾，不知不觉弄湿了行人的眉梢，街灯原本明晰的光线也被改变成圈圈光晕，像是孩子哭红的眼睛透过泪珠看到的一切，迷幻而生动有趣。

云雾缭绕中大海自然别有一番情致，难怪会有海上仙山的传说。云里雾里，亦真亦幻，雾气降临，难辨烟雨。安静地坐在窗边，品一盏茶，听一首歌，望人间清浊难辨，品人生个中滋味……

🌢 雾中崂山

海流

如果我们把浪涛比作大海的呼吸，那么潜影随行的海流则更像是海洋的血脉滚滚涌动。它们冷暖自知、咸淡各异，有的直驱北上，有的浩然南下。在我国黄海海域，黄海暖流、黄海沿岸流和黄海冷水团可谓这里的三大海流；三者的互动交流，不仅构成整个黄海环流，也对沿海地区的自然地理产生重要影响。

黄海暖流，是由我国东海东北部、济州岛以南，沿西北方向跨入南黄海的一支海流。在沿黄海深槽一路向北的旅途中，这支原本整齐划一的队伍不断分化。有的向西流向我国青岛市外海，与南下的黄海沿岸流短暂汇合后继续向南；有的则改向东，汇入西朝鲜沿岸流中。此时，大势已去的黄海暖流再被沿岸河流、当地气候所影响，逐渐改变着原有高温、高盐的属性。进入黄海北部后，黄海暖流终于与渤海紧密接触，互通有无。在这里，黄海暖流被重新赋予了生机，重新分配后的海流再次分成南、北两支，一支深入辽东湾内；另一支则奔向黄河三角洲外缘，汇合黄河一路南下。

在接下来的海流循环中，与黄海暖流温柔互动的另一重要角色出现了，它便是黄海沿岸流。作为一支沿我国山东和江苏海岸流动的海流，它具有低盐、低温的属性。原因是黄海暖流的南支在黄河三角洲外缘与黄河冲淡水汇合而发生性质上的转变，成为黄海沿岸流。黄海沿岸流经成山角和长江北缘两个拐点，最后一分为二：一部分东流涌向济州岛，热情补给黄海暖流的大部队；另一部分则越过长江口浅滩，溜进了更加温暖的东海。

在黄海，除了上述两大主力军，黄海冷水团可谓深藏不露的使者。寻常日子，温度低、盐差小的黄海冷水团就低调地居于海底的洼地之中；每年12月至翌年3月是其更新形成期；4~6月为成长期；盛夏7、8月是强盛期；9~11月则步入冬季的过渡期，也是衰退期。你或许不知，每年夏季在山东半岛沿岸和江苏北部海域出现的多雾现象，就与它有着紧密联系。

而以上三者之间的相互作用，自然带来了大量饵料，鱼儿也随之欢快地舞动，于是，黄海大大小小的渔场随着海流而诞生了。

⬆ 黄海渔场

海滋

看到"海滋"这个词，你是否会感到陌生？或许贪吃的你此时正在望文生义，猜想它是"大海中的美食"吧！其实不然，海滋是一种常见于海面的神奇现象。暂且不提海滋，它的"近亲"你肯定听说过——海市蜃楼。没错，两者之间有很大的相似性，但又存在着本质差异。在美丽的黄海之滨，如果你有幸欣赏到一场海滋奇观，那定是幸运之至！

2009年11月2日，威海海上公园海域和小石岛海域都出现了一处处飘忽不定的小岛，小岛神奇地悬浮于海面上，岛的基底明显与海平面脱离，令人叹为观止。更令人匪夷所思的是，随着时间和光线的变化，小岛的位置和形状也开始发生变化。这究竟是怎么回事呢？专家很快给了我们科学的解释，原来这里发生的正是一场独特的海观奇景——海滋。

⬆威海海滋

⬆海滋

海滋，是一种类似海市蜃楼的光学现象，它与海市蜃楼、平流雾并称为"海上三大奇观"。这种现象通常发生在春夏或夏秋之际，因为此时海水温度与海面空气层存在较大的温差，光线通过密度不同的大气层发生折射，从而形成变幻莫测的画面。在海滋表演的舞台上，主角可以是一个岛，可以是刚好停靠的一艘船，也有可能是海滨的楼房建筑，等等。

海滋的发生，与雾带的形成有着千丝万缕的联系。天气放晴之后气温开始回升，温暖而潮湿的空气与海面附近的低温气团相互糅合，凝结成无数的小水珠，它们飘浮于空中，形成平流雾，而雾带的形成恰巧可以促成海滋的诞生条件。此外，阴雨天气也是一个重要因素。连续阴雨会造成大气湿度、温度、密度等的变化，这也是海滋现象出现的必备条件。

大美黄海

那是镜头下瞬间定格的海岛风情，那是梦境中偶然而至的滨海景区，那是草长莺飞、碧波荡漾的湿地佳境，那是你我心中共同拥有的心之所向。一抹夕阳，两层海浪，三只飞鸥，四点白帆，在茫茫的黄海之上，美丽无处不在，惊喜层出不穷。携一朵浪花，嗅万里海香，让我们伴随大海的呼吸扬帆远航，看沧浪尽头谁主沉浮，望大美黄海万里无疆……

海岛风光

　　人生若只如初见，你愿与她邂逅在风景秀丽的海岛吗？那里没有城市的喧嚣，没有欲望的熏染，唯有天地间的一抹海蓝为证，从此不再分离。人海相依，美铸就佳话，爱成为永恒。在大美黄海中，点点滴翠初露浪尖，它们就是各具特色的海岛。这些深藏不露的海上精灵，化身航路中的小小驿站，为每一个漂泊的灵魂收藏心愿，为每一位游客幻化出最美的风景……

"东隅屏藩"刘公岛

　　在我国山东半岛的东北一隅有一座著名的岛屿，它横卧于威海湾内，碧绿苍翠的薄纱难掩其魅力容颜。它集动人传说与历史真实于一身，它熔海战挽歌与爱国情怀于一炉，自然风光与人文精神在此编织交响，伴随着节节变奏的浪涛，格外悠扬动听，它就是闻名遐迩的"东隅屏藩"——刘公岛！

刘公岛

刘公岛与威海市区码头相距约2.1海里，乘客轮前往，海风拂面、浪花相随，20分钟即可抵达海岸的那一边。岛屿东西长4.08千米，南北长1.5千米，3.15平方千米的土地上植被茂密、郁郁葱葱。这里三季花开，四季常青，各种飞禽在此盘旋、栖息，为沉寂的岛屿增添了不少乐趣！

从地势上看，岛屿北高南低，地貌迥然。北坡如经刀砍斧凿，海蚀崖壁直立陡峭；南坡则平缓绵延、景色迤逦。望

⬆ 中华海坛

四周海水，一片碧蓝难以形容此处景致的多姿多彩。由于濒临黄海南部的烟咸鱼场，刘公岛附近海域乃黄、渤海各种鱼虾洄游的必经之路，也是部分鱼虾产卵、栖息的不二选择。

除了这些，可能你还未曾得知刘公岛的神秘之处。谈及它的命名，古往今来人间一直有这样一段传说：

很久很久以前，海上狂风四起。风浪中一艘船上的人们与巨浪殊死搏斗，粮、水用尽，危在旦夕。这天夜里，远处的火光再次点燃了他们的求生欲望。要知道海上航行，有火便意味着有岛，若岛上有人家，岂不有救了！在极度兴奋下，大家拼命划向岸边。此时，一位老人手举火把向他们走来，原来他就是那位站在岸边悬崖的举火人。老人将大家领到自家草屋，介绍说："我姓刘，叫我刘公吧。"他的老伴儿刘母也是极和气的人。只见她抓了一把米放在锅中，转眼变熟。人们狼吞虎咽地吃了一碗又一碗，却丝毫不见锅里的米饭少了分毫，这才恍悟：两位老人实乃救命神仙！于是慌忙跪下磕头答谢，可再抬起头时，二老早已不见踪影。

后来，为了感谢刘公夫妇救命之恩，船上的人联合岛上居民修建了刘公、刘母祠，并把该岛取名刘公岛，以示纪念。

其实，传说的魅力就在于一个未必真实的故事却能经人们口口相传流传千秋万代。这种夸张的言语形式融入了人们美好的夙愿，经娓娓道来变得富有人情味。然而，刘公岛的魅力远不止于此，相比传说，厚重的历史文化才是整座岛屿的灵魂所在。

峥嵘岁月　百年掠影

众所周知，小小刘公岛可谓我国近代史的见证。100多年前，这里曾是清朝北洋水师的屯泊基地，曾是中日甲午战争迎击日军的主战场，还曾蒙受英国侵略者长达32年的殖民统治。北洋海军提督署、丁汝昌寓所、水师学堂、水师养病院、铁码头等见证了北洋海军的荣辱兴衰；司令官署、海军医院、教堂、皇家海军酒吧、联合俱乐部、网球场等记录了当年英国人统治岛屿的行迹。站立岛上环顾四周，辽阔的黄海海面格外平静，我们很难想象1894年这里发生的一切。如今，这些泛黄的历史片段已被我们重新梳理、归纳和珍藏。登陆刘公岛，中日甲午战争博物馆赫然入目，历史厚重的大门由此打开。

还未曾登岛，那个伟岸的身影就出现在镜头前，只见他手握观望镜，似乎在神情专注地注视着海面。飞扬的衣衫，高大的身躯，有一种难以形容的英气与威严，那便是民族英雄——邓世昌！

⬇ 中国甲午战争博物馆

与这座宏伟雕像一体的是一座全面展示中日甲午战争历史的综合性展馆，占地1万多平方米。它由我国著名建筑设计大师彭一刚教授设计，大胆的构思融入别具一格的造型之中，创造性地将象征北洋水师战舰的主体建筑与巍然矗立的北洋海军将领雕像融为一体，它就是成功入选"20世纪中华百年建筑经典"的中日甲午战争博物馆。

　　整个陈列馆沿着"序厅"、"甲午战前的中国和日本"、"甲午战争"、"深渊与抗争"、"尾厅"5部分展开，以《甲午战争：1894–1895》作为主题，共向我们展示出650余幅珍贵的甲午战争历史图片，大量战争时期的武器装备和超写实人物塑像场景还原了当时的战争场景，"黄海海战"3D影像厅逼真地呈现了战火纷飞的历史画面，震撼人心。

⬆ 甲午战争史实展

⬆ 海军提督署

水师衙门　海军公所

　　走出甲午战争博物馆，心中的澎湃之
情难以抑制，这是一曲震人心魄的国殇，
更是一种对民富国强的不竭追求与希望。遥
想当年北洋水师威震八方，几大战舰分列成
行，湛蓝的海水依旧铭记着这里曾有的辉煌。 光绪
十二年（1886），伴随北洋水师的建立，北洋海军提督

⬆ 海军提督署

署落户刘公岛，那时俗称它为"水师衙门"，是北洋海军重要的指挥机关。

　　行至门前，只见正门上方高悬一枚横匾，上有李鸿章题写的"海军公所"四个烫金大
字，使眼前的提督署显得格外气派！两个辕门分列东、西两侧，砖木结构的建筑群落不失古
朴与庄重。这里依山傍海，坐北朝南，1万平方米的建筑用地被规划得极为考究。沿中轴线
前行，前、中、后三进院落的大门一一敞开，每进院落又分中厅和东、西侧厅，分别是礼仪
厅、议事厅和祭祀厅。其中，礼仪厅是过去北洋水师高级将领迎接圣旨、举行重大仪式的地

方。正是在此，北洋水师接到远自京都的一道又一道圣旨，再作出关乎整个海军命运的重大决议。

清代龙庙　英豪永奠

有海的地方，就有龙王的传说，由此，龙王庙在沿海各地悄然而起，香火不断。在刘公岛上也有一座龙王庙，不过它可不仅仅是一座属于龙王的庙宇。

这座龙王庙建于清代，占地近3000平方米。整个建筑大方美观、古朴典雅，低调中透露出难以言说神秘感。它分设前、后殿和东、西厢房，同样为举架木砖结构。正殿中央，龙王塑像威风凛凛、神气活现，在他左右分别站有龟丞相和巡海夜叉，两边墙壁绘有生动的壁画，向人们讲述那早已远去的古代传说。如今，在东厢房陈列着两块石碑，分别题刻着"柔远安迩"和"治军爱民"的碑文，均为光绪十六年（1890）刘公岛的绅商为丁汝昌和张文宣所立。

在过去，每到农历六月十三，也就是龙王生日这天，岛内岛外的渔民们便会纷纷进香跪拜，祈求龙王保佑一年海上平安。甲午海战爆发前，过往船只但凡在岛上停靠，必来此拈香祈福。北洋海军也信奉龙王，因此曾经有一段时间这里香火旺盛、人流如织。然而世事常变，甲午海战中清朝海军惨痛败北，丁汝昌英勇殉国，他的灵柩便厝置于此。后来岛上居民在庙内为其设立牌位，四时祭祀，龙王庙又被命名丁公祠，因此，今天的龙王庙除了有人们对龙王的敬拜，还有对一代英豪的祭奠与怀念。

↑ 海防炮

↑ 龙王庙

↑ 龙王庙内塑像

森林公园　自然交融

在刘公岛，浓重的历史人文色彩一直是其亮点所在，然而当你沿着山路向岛屿更深处迈进，便会发现这海岛更有迷人的自然景致。在那密林叠翠处，一座国家级森林公园安家落户，欢腾跳跃的梅花鹿、憨态可掬的大熊猫，还有不时闪现的野禽身影，都能带给你意想不到的自然之趣、自然之美。

刘公岛国家森林公园，是国家林业局命名的全国第一个国家级海上森林公园。占地4000余亩的森林公园内，森林覆盖率达87%之多，19科目80余种树在此汇聚成林，50多种野生花菜于此茁壮成长。园内苍松翠柏，景色独特，没有了历史硝烟的痕迹，这里宛如一片绿色天堂。数百只野生梅花鹿出没于林中，为这岛屿增添了几分仙气，还有两只大熊猫，各据自己的地盘，或左右徘徊，或临涧酣睡。

⬆ 刘公岛森林公园索道

⬆ 刘公岛梅花鹿

沿着蜿蜒的环岛路前行，仿佛步入了一片"世外桃源"。这里好山好水，海天一色，既有森林之静幽，又有生灵之跃动。登上"五花石"，身临"听涛崖"，那里有惊涛拍浪的旷世之音，也有惊鸟跃起的豪迈之风。迷人的刘公岛，宛如一首动人的歌，唱响在历史的天空；又如一幅精致的画，绘出美好的明天！

"五彩缤纷"长山岛

从黄海最北端一路向南,我们在茫茫大海中一路搜寻,找寻那梦想中的魅力之岛,它一定有着别致的身姿,有着富饶的水土,有安居乐业的百姓和百年流传的传说;它一定容忍坚毅,无畏风浪的侵蚀自成风景;它一定耐得住寂寞,在寂寥无边的海疆中坐看风起云涌,独享一片蓝天。在我国黄海北部海域,五彩缤纷的长山岛向我们热情挥手,带着它的岛屿家族说要献给我们一份厚礼!

大长山岛

从地图上,我们找寻大长山岛的踪影,只见它居于整个长山群岛的中北部地区。岛屿形状基本呈东西向狭长,如一只展翅的蝙蝠降临黄海海面。人们说正是岛屿多山且长,才给它起名为"大长山岛"。

这里四面环海,交通便利,长海县人民政府就坐落于该岛之上。整个岛屿陆域面积31.79平方千米,海岸线长94.4千米,曲折蜿蜒的岸线时常被海浪涂抹再描画,周而复始形成海湾

大长山岛

↑ 祈祥园

↑ 金蟾坨

↑ 海神娘娘

连环。别看大长山岛陆地面积不大，可它拥有651.5平方千米的海域，可谓"海大物博"！

在大长山岛，美丽的自然风光于大海中映衬出一片不一样的天地，这里有动人的传说，有幅员辽阔的海上牧场，有新鲜的空气和美不胜收的景致……

畅游祈祥园

"奇异礁石露海面，亭台楼榭依海边，若问海上仙风起，怕是娘娘笑欢颜。"来到大长山岛，祈祥园是断不可忽略的美景，因为这里点滴入画，再拙劣的文采都愿即兴赋诗一首，以表内心之欣然。

这是一座海岛型的园林公园，占地面积2万平方米，位于大长山岛的中南部。园内20余种名贵花木各展身姿，琉璃瓦凉亭、仿木长廊相续相伴。沿环岛海岸前行，不远处的海面岩壁耸立，礁石迭起，由金蟾坨、万年船和白色礁石群组成的海蚀地貌叫人叹为观止。

走进祈祥园门楼，由鹅卵石铺就的弯曲小径格外引人注目。就在不远处，两座浅紫色琉璃瓦凉亭让人眼前一亮。它们安静地端坐在崖畔，飞檐翘脊于头顶高高悬起，渗透着俏皮与灵气。与凉亭相对，在高台石栏内，一座高大塑像巍然屹立，那便是岛上无人不知无人不晓的海神娘娘！

站在圆坛下，眼前的海神娘娘显得格外圣洁高大。她正托举红灯，神情慈祥而肃穆，深邃的双眸遥望无际的远方，似等待海上归者又像是送别出海的渔民，而高举过肩膀的莲花灯则承载着人们的美好夙愿，闪烁着吉祥的光芒。

曾几何时，关于海神娘娘的美好传说在岛上流传开来。从那时起，一个古朴的心愿成为人

 海神娘娘祭拜活动　　　　　　　　　　　 三元宫

们代代相传的企盼，是信仰的力量，也是百姓淳朴善良的体现。每逢正月十三，也就是海神娘娘生日的这一天，家家户户张灯结彩，如同过年一般热闹非凡。在这里，人们一直延续着"放海灯"的风俗。这一天，家家用五颜六色的花纸扎成各式各样的船型灯，小船内或点燃蜡烛，或放置灯泡，再用写有"鱼虾满舱"、"五谷丰登"、"风调雨顺"等字样的灯罩扣住，此外，再放入各种象征吉祥的字画：鲤鱼跃龙门、山水鸟兽应有尽有，极为喜庆！人们的脸上洋溢着幸福的笑容，他们把虔诚的心、爱戴的情浓缩在小小的船灯里，等待它们漂洋过海，越过万水千山。

这天，夜幕轻垂却早已不见往日的宁静。渔民们聚集到海滩，将手捧的船灯放入万顷海波，献给海神娘娘。一时间鞭炮齐鸣、礼花四射，激情被瞬间点燃，场面极为壮观！这天夜里，黄海深沉的底色上船灯融入了点点星光，它们三五成群、随波逐流，仿佛繁星倒映……

如今在长山群岛上，海神娘娘祭拜活动已成为长海县"渔家风情迎春会"的重头戏。在"祈春"祭拜会当日，整个祈祥园红灯高挂，彩旗招展，披上节日盛装的海神娘娘愈加美丽而神圣。作为整个"祈春"活动最大的亮点，"祈春"祭拜会传递着海岛渔家浓厚的文化韵味，吸引了无数来岛过年的游客和海岛居民前来参与。为抢占头香，很多百姓在正月十二晚上就来到祈祥园，虔诚地等待零点钟声的敲响。翌日上午这里更是人山人海，锣鼓喧天，热闹非凡。人们纷纷来到海神娘娘面前捐钱捐物、焚香烧纸、顶礼膜拜，许下新一年的美好心愿。

感受了大长山岛的万种风情，让我们继续缤纷群岛之旅。就在大长山岛东南方向不远处，它的姊妹花小长山岛正向我们热情招手。客船悠悠，岛屿连连，一路涛声一路歌，就这样，我们的船儿靠岸了……

小长山岛

坐落于著名的海洋岛渔场之中，小长山岛可谓享尽荣华。这里有着"天然渔乡"之美誉，盘鲍、扇贝、刺参等海珍佳品应有尽有；这里还被誉为"黄海垂钓第一岛"，优越的海上垂钓条件，每年都会吸引大批中外钓鱼爱好者登岛垂钓，享受"一海一世界"的妙不可言。

隶属于大连长海县，小长山岛位于长山群岛的中部，这里距离大长山岛仅有5分钟的航程。全岛由30个岛、坨（沙洲）、礁组成，海岸线长达94.4千米。从地理位置上看，小长山岛向东与朝鲜半岛相望，西与大连、西北与普兰店市相邻。与大长山岛相比，这里有更细的沙和更清的水。岛上的花草格外幸福，因为它们似乎不受约束，漫无边际地延伸再延伸，偶尔也会从灌木丛中露出头来，埋怨参天大树遮挡了自己的阳光。和缓的山坡上，尽是百姓劳动的结晶，各种农作物旺盛生长，却又礼貌地让出条条蜿蜒的乡间小路。这里的一切都是那么的静怡美好，毫无都市的浮躁气息。

彩滩连双坨

明珠双坨，位于小长山岛最东端，是岛上著名的景观之一。相比大陆边缘的海水，海岛周围的海水显得格外透彻和碧蓝，双坨栖身在海水中央，宛若璀璨明珠点缀其间，甚是华丽。经岛上的人介绍，双坨是指砂珠坨子和波螺坨子。它们一前一后，不同的观看角度就会有不同的风景。砂珠坨子的命名源于岸边的沙石，它们如同珠子一般圆润美丽；波螺坨子则因周围海域盛产波螺而得名。其实，如果你仔细观察便会发现，在波螺坨子近旁，还有一个

小长山岛

小波螺坨子，它的面积也就600平方米，海拔却有50.3米之高，小小的体量自有不俗的景致，故而跻身明珠双坨风景区中的一景。

在砂珠坨子与小长山岛之间，一条沙坝亲密相连。不过这条沙坝很是调皮，潮涨而没、潮落而出；若要到对岸去，除非你是神仙可以随时驾青烟飞至，否则只有等到潮水退去才可前行。多年来，人们就是这样往来于岛坨之间。

无意间低头，却被一束反射的光芒弄晃了眼睛，仔细看去，原来是脚下的鹅卵石在作祟！但你一定不会为此而对这些石子大动肝火，因为此时你早已为它的美貌所动容。它们其中有很多是彩色的，形状也各有奇特之处，美丽的纹络，光滑的外表，叫人爱不释手。多年来，这彩色卵石被游人大量拣走并收藏，因为在群岛中除了在小长山岛，如此美丽的石子极其少见，因而也比较珍贵喽！

明珠双坨风景区中由核大坨、核二坨、核三坨组成的"核氏家族"以及美丽的巴蛸岛也值得前去观赏。15处自然景观风光秀丽、水产资源极其丰富，其中，核大坨及其附近海域已被列为省级海洋珍贵生物自然保护区。

除了明珠双坨风景区，听说在小长山岛上还有许多大家伙，它们来自浩瀚的宇宙，距今已经上万年！

❶ 明珠双坨

神秘陨石带

习惯了繁华的都市，置身乡村的感觉陌生又熟悉。鸡鸣狗吠，炊烟袅袅，偶尔经过的拖拉机载着一车的粮食，不一会儿就消失在视线之外，道路又回归了安静。我们要找的陨石带就坐落于小长山岛英杰村南。

❶ 陨石

走着走着，一块巨石闯入视线，它安静地躺在路边，看似无奇，竟来自遥远的天际。在这块巨大陨石附近还有几块小陨石，猜想应该是大陨石落地之后破碎开来的余屑。向西看，那山膀上也镶嵌着一块。不同的是石体的大部分已砸进了泥土。小陨石沿着这两块巨石的连线向两边不断延伸，构成了一条陨石带。据考证，这些巨石陨落至今已有20000多年。遥想当年，这些比人类更早光顾此处的天外来客，以其庞大的家族阵势排列长队穿越大气层，身披烈焰呼啸而至，情景是何等的壮观！彼时它们用滚烫之躯拥抱大地，此时已经万年冷却沉寂如斯，给人以无尽的遐想……

穿越英杰村，就如同穿越了一段历史隧道。巨大的陨石一定有许多不愿说出的秘密，那是它与大自然的约定。我们不去深究也罢，还是回归大海吧，那里层层浪涛已逐渐宁息退场，此时正是我们赶海的好时机。

赶海金沙滩

这是一片金灿灿的海滩，它位于岛上的四道沟屯，这里离小长山岛的西端很近，向东与乡政府相隔约3千米，距金沙滩旅游赶海区的后海西沟码头约1.5千米。金沙滩浴场三面环山，一面临海，恰如一个张开的巨大虎口，想将面前的海水一饮而尽。

这里潮间带以上全是细沙，颜色呈金黄，沙质难以想象的松软，因为它不含任何杂质，形成长山群岛极其少见的金沙滩。赤脚走在沙滩上，脚心痒痒的，若有阳光的热情普照，脚下更是暖意融融，感觉浑身舒坦。据测量，金沙滩全长300米，因为坡度极小，最大潮间带长也有近300米。每逢退大潮时，大海能慷慨退出近300米宽的松软沙滩，情景十分壮观。

夏季在这里除了游览，你还可以选择一个无风或吹轻柔北风的涨潮时分，尽情地走入这片风平浪静的海域。那时的她碧波万顷，格外温顺。要是赶上南风天，这里便成了迎风口，潮水上涨时，雪白的浪花会引领数米海浪从大海深处袭来，此时胆小的你就乖乖站在岸边观景好了，如果足够英勇，也要记得套上救生圈到海里迎风斗浪，想必那一定是另一种体验挑战的刺激与快乐！

当然，除了观景与海浴，这里还是赶海拾螺的乐园。大海退潮后，让我们提着小桶到海滩或两侧的礁石处赶海吧。海星、毛蟹、海藻、海带，一步一惊喜，三顾一回头，此种乐趣唯有你亲临现场才可深切体会！

⬆ 赶海

"大连门户"广鹿岛

吻别长山岛的浪花,让我们顺风而行,继续迷人的海岛之旅。在那西南方向的海面上,一座美丽的海岛走进了我们的镜头,它是长山群岛中最大的一座,素有"大连门户"之美誉,它就是闻名遐迩的广鹿岛。

作为国家级海岛森林公园,广鹿岛在黄海北部地区可谓名声赫赫。它西与大连金石滩国家旅游度假区毗邻,北与登沙河、皮口等辽南重镇隔海对望。在长山群岛中,广鹿岛身居群岛西部,是距大连市最近的岛屿。在这里,23个大小岛屿、坨和礁组成一个温馨的大家庭,它们坐拥31.5平方千米的陆域和1000平方千米的海域,海岸线长达74千米。

这也是一座历史悠久的岛屿,其中小珠山下层文化遗址堪称大连地区最早的新石器文化之一,存在至今已经历了6400多年的风雨,光荣入选省、市级重点保护文物之列。岛上水军府、马祖庙等人文历史景观与独特的海岛风光相得益彰。无数浪花在沙尖子、彩虹潭、月牙湾等天然浴场激情绽放,吸引八方来客前来欣赏它们的尊容。令人流连忘返的还有将军石、仙女湖、青龙壁、神仙洞,这些人间奇景就如它们的名字一样让人浮想联翩。

广鹿岛月亮湾

广鹿岛一角

仙女湖

在广鹿岛的铁山风景区内，有一个长800余米、宽200余米、深30余米的广阔湖泊，人们给它起了一个好听的名字叫"仙女湖"。

听闻其名，你是否笃定地相信这片湖泊源于天庭，是玉皇大帝赏赐人间的呢？其实不然，仙女湖的由来要追溯到20世纪70年代。那时岛上的居民决定筑坝封水，伴随高大水坝崛地而起，原本流入黄海的山泉在此汇集成湖。环顾湖畔，草木葱郁，绿树成荫。无风之时，仙女湖迷蒙的湖面宛若一面未经打磨的铜镜，倒映着浓郁的山色，犹如镜中仙女青色的发髻，耐人寻味。风乍起，

⬆ 仙女湖

湖面开始浮动，荡漾起的层层涟漪好似仙女刚刚舞动尚未停落的霓裳裙裾，飘逸中带着些许仙气。青山、翠木、碧水浑然一体，相映成趣，就连湖中的鱼儿也是那样的灵动自由，它们活泼地穿梭于湖波中，游弋于湖底清晰可见的树桩间。

得天独厚的地理环境，造就了一片独一无二的垂钓佳境。仙女湖素有"一杆钓两水"之说，因为这里湖海相连、咸淡相适。临湖垂钓，悠然静心。鲤鱼、鲢鱼等虽不断咬饵上钩，湖中乍现的红色身影却一直未见真容。换种方式面海垂钓，更多的海鱼浮出水面，甚是欢腾！这便是仙女湖不同于别处的垂钓之乐。

驾一叶扁舟泛波湖上，或悠然漫步在宁静的湖畔，再或者静心垂钓于堤坝，无论哪种娱乐方式，自成天地的仙女湖总能带给你非凡的假日体验，一种远离尘嚣的悠然与惬意。

离开仙女湖，下一个驿站便在不远的山腰处向我们热情招手啦！那里有座古朴的庙宇，人们称之为"马祖庙"。每年农历六月十六，盛大的马祖文化节便在那里举行。可是这个马祖与我们常说的"妈祖"是一个人吗？带着疑问，让我们赶快前去探个究竟。

马祖庙

由于仙女湖是前往马祖庙的必经之路，所以一路远行总有游人相伴。谈笑间，巍然耸立的铁山望海岭已被征服。

这里已是广鹿岛的最南端，就在望海岭上，有一座依山傍水、环境清幽的寺庙，建筑别致而不失典雅，这就是辽东半岛远近闻名的马祖庙。看清楚哦，是"马祖"而非妈祖，因为寺庙中供奉的主角是一位受人尊敬的老者，人称"马老祖"。关于他，还有一段动人的传说呢。

相传明末清初，广鹿岛上居住着一个名叫马信的人，他熟水性、擅打鱼，是岛上恶霸赵鳖眼的长工。当年腊月二十八，天降大雪。赵鳖眼为了接从外地游玩归来回家过年的独生子，威逼马信出海。熟知海况的马信深知若此日出海必凶多吉少，却无奈于恶霸的淫威，只好顶风冒雪出海了。天不遂人愿，马信被狂风巨浪卷入海底。闻此噩耗，马信的妻子虽哭得

⬆ 广鹿岛马祖庙

死去活来，却怕恶霸的报复，于是搭乘一艘货船，带着孩子逃奔到蓬莱一个渔村，隐名埋姓住了下来，不久也含恨离开了人世，连续失去双亲的孩子悲痛不已，每日都要跑到母亲的坟前痛哭。

一日，正巧汉钟离路过此处，得知了孩子的悲惨遭遇，心生怜悯，便领他到蓬莱仙境一起修炼。在他的指点下，男孩潜心修炼，终成仙人。后来，凭借恩师赐予的一领炕席，男孩漂洋过海，回到了广鹿岛。

一开始男孩就住在老铁山半山腰的一个洞穴中，他始终牢记师傅的忠告：多做善事，普度众生。于是，坚持每日早起，在黄、渤海域巡游，特别是当渔民遇到恶劣天气、发生危险时，他必定乘坐飞席腾云驾雾第一时间赶到，将遇险渔民安然救起并送至岸边。时间久了，他的善行逐渐在黄、渤两海的渔民中间广为传颂，渔民们经商议送他雅号"马老仙人"，也称"马老祖"。

故事讲到这里还没有结束，后来，马老祖将自己的居舍搬到了老铁山西南的望海岭上，颇有"斯是陋室，唯吾德馨"之意。从此以后，黄、渤海面上少有渔民海难。马老祖圆寂后，广大渔民们为了纪念他，在他居住的原址上重建马祖庙。可惜的是，这座庙宇后被拆毁。如今的马祖庙是1993年由广大渔民自发集资重建而成。每年农历六月十六马祖生日，辽东半岛的沿海居民尤其是渔民便纷至沓来，他们带着红布条和高高的香烛，前来祭祀这位救苦救难的仙人。

"千古传奇"田横岛

这是一座以人名著称的岛屿，这是一片写尽悲凉的土地，逐鹿中原的历史画面中，一队亡命天涯的兵马引出一段岛屿佳话。仔细倾听，滚滚涛声中田横岛带着它的千古传奇向我们缓缓走来……

翻阅《史记》，我们仿佛又回到了那金戈铁马的战争年代，铮铮铁骑如风而逝，却扬起一路风尘零落至今，让人回味无穷。历史瞬间回溯到秦末汉初，群雄四起，逐鹿中原。刘邦手下大将军韩信带兵攻打齐国，杀死了齐王田广。当时的齐相田横为从长计议，率五百将士退居到今天的田横岛上，以待东山再起。汉高祖刘邦称帝后，遣使臣赴齐地诏齐王田横归降，可田横誓死不从，于赴洛阳途中自刎。消息迅疾传回岛上，五百将士闻此噩耗，集体挥刀殉节。这一壮举感动天地更震撼了世人，从此，人们将这座悲凉的小岛命名"田横岛"。

如今的田横岛早已洗去千年风霜，沐浴在即墨东部海域的横门湾中，与青岛码头相距68千米。长达8千米的海岸线将1.46平方千米的土地团团围住，甚是珍惜。

这是一座美丽而神奇的海岛，因为这里不仅有惊天动地、壮美凄绝的千古传奇，还有更多大自然的无私馈赠。岛上气候宜人，空气清新、苍松滴翠，湿润的海洋性气候孕育了一片

🔻田横岛

冬暖夏凉的人间圣境。与刘公岛相似，在地理风貌上田横岛也是南北风格迥异，只是有所颠倒。南坡岬湾相间，礁石林立，偶然有垂钓者的侧影入镜，无意间形成了人与岛、岛与海的和谐构图；北岸则水深港静，游泳、帆船、摩托艇等海上运动在此云集，可谓绝妙佳境！横卧于富饶的"海上牧场"之中，田横岛还有更大的惊喜给你，这里盛产鲍鱼、扇贝、海带等海产品，不仅能让你大饱眼福，还能让你在饥肠辘辘时一品海鲜的原汁原味！

义士之碑　壮举史藏

来到田横岛，首先要去的便是田横五百义士墓。这座墓冢位于岛内最高峰田横顶上，属西汉墓葬。墓周长为30米，高约2.5米，由石块与砂土混合筑成，是田横岛最著名的历史遗迹，也是山东省重点文物保护单位。

石牌"齐王田横暨五百义士之位"原供于祠堂内，现今祠堂已毁但牌位尚存。始建于1992年的田横碑亭如今立于墓冢北侧，建筑风格秉承我国古代凉亭设计而成，亭内梁柱上饰有6幅彩绘，描绘出了田横五百将士从义举至壮烈殉节的历史画面，生动再现了当年田横自刎以及五百义士慷慨殉节这一惊天地、泣鬼神的悲怆故事。

离开五百义士墓，我们继续寻找下一处风景，百感交集的心情随之飞扬，此时一个高大的身影由远及近，那就是传说中的田横像吗？

◈ 田横五百义士墓

➡ 田横顶塑像

齐王田横　威震四方

登至田横顶，卸下一身的疲惫，一个400多平方米的广场映入眼帘，广场正中央高高耸立的石碑雕像即是我们要找的田横像。只见在高达10米的底座上，田横目光远瞻，欲拔剑而出。7.6米高的像身加上底座，足以让它成为目前山东省最大的花岗岩单体雕像。在石像底座上，由我国书法家协会原主席沈鹏所题的"齐王田横"四个大字赫然入目，颇具气势。在底座基部的四周，还刻有当时岛上的生活场面，可谓"凝固的永恒"。

在田横岛上"凝固的永恒"其实无处不在，一个个雕塑将瞬间情景铸成永恒的画面，似滴水瞬间成冰。此时，为你的想象力插上洁白的羽翼吧，只要观察得足够仔细，你一定能读懂那塑像里面的内容，不是吗？……

与田横石像有着异曲同工之妙的，还有岛上的田横铜马像。不同的质地、不同的表现素材让这座铜像在碧海蓝天间显得格外夺目。铜像所展现的即是当年田横挥泪惜别五百义士前往洛阳见刘邦时的情景。仔细观察，你发现这匹马有哪些特点了吗？首先是铜马短短的尾巴——用绳捆住马尾是古代战马的一大特点，主要是为了避免挡住后面马匹的视线。第二个特点则是马儿的步伐竟是顺拐的。据说田横的这匹马颇具灵性，它知道此去会见刘邦，主人一定是凶多吉少，与其有去无回，不如停滞不前。所以，它故意呈顺拐状，不愿前向多迈半步，如此一来便呈现出铜像现在的模样。

海神古庙　香烟袅袅

与众多岛屿一样，在田横岛上同样有一座海神庙，虽香火不甚旺盛，但依旧神采奕奕。还记得青岛那座依傍大海的天后宫吗？如今这里的海神像便是从那里请过来的。在当地，海神的地位与观音菩萨比肩，是许多人信仰的神灵。

在正殿供奉有海神娘娘，只见她慈眉善目，略带微笑地注视着前来上香的人们。在她身边，顺风耳和千里眼表情各异，他们一个认真听闻最细微的声响，一个目光穿越天上人间。相信在这三位神灵的护佑下，这里的百姓定能安居乐业、世代昌盛。在海神庙的右侧是龙王庙，里面供有东海龙王敖广。与其相称，在海神庙的左侧则有一个督财府，在这里，武财神关公被供奉于庙宇中央，两边还分别站立着他的儿子关平和手下大将周仓。

⬆ 田横岛祭海

　　其实，这三殿并非在一个朝代同时诞生，它们之所以被放在一起，是源于他们各有所司、各含心愿：海神保佑人们出海打鱼能够一路平安，龙王保佑渔船都能满载而归，而督财府则象征岛民家家富庶、财源广进。

⬇ 田横铜马像

"始皇遗迹"秦山岛

一路南行，我们的海岛之旅行迹也跨越大半黄海来到南黄海，有一座岛屿是万万不可遗漏的。当年秦始皇来此登山祭海，此举感动了海神因而被授予宝珠一枚。这里还有一条举世闻名的通海神路，千年不曾消散，年年大放异彩。这究竟是何处？这便是拥有大量始皇遗迹的秦山岛！

秦山岛，位于我国江苏省北大门赣榆县境内，它横卧于新城区东部15.3千米的海面上。这个面积不到0.2平方千米的小岛就是一座山，那呈单面山形态的山头便是秦山。岛屿东西长1000米、宽200米，由东、中、西三座山峰组成。其中，东峰为主峰，以56米之高堪称"三峰老大"；西峰高37米，中峰紧挨西峰，高32米。别看东峰高大，它可是岛上最为平坦和繁华的地段，20世纪80年代末，当最后一批驻军撤离秦山岛时，岛上才真正有了渔民生活劳作的身影。

其实，秦山岛的历史早在古代东夷部落的少昊之国便已开始。今天的云台山在当时还是一片海中群岛，生活于此的原始居民被称为羽夷、郁夷、岛夷等，秦山岛则是古羽山的一部分。那时，尚以农牧为主、渔猎为辅的夷昊人根据山形，称此岛为"奶奶山"，后来，又因传说系颛顼大帝抛神琴于此而另称"琴山"。

在这里，海浪无数次的亲吻，逐年改变了海岸的风貌，而海面数千年的沉浮又成就了今日的秦山岛。历经沧海桑田，如今这座玲珑别致的小岛上尽是丰富多彩的自然景观。在这里，围绕岛屿的海岸没有一处不受海蚀的雕磨，围绕岛屿一圈，你会发现海蚀柱、海蚀穹、海蚀崖等地貌随处可见、各显妖娆，高达20~50米的海蚀崖，犹如一块巨大的玉玺，盖印在黄海的碧波之上。

秦山岛

与此同时，秦山岛又是一座天然的古迹展馆。这里有千年古亭和古井，李斯碑、天妃宫、秦东门、受珠台完好留存至今，秦山传说与文史记载相互对应，实景展现与历史记忆相互印证，不愧"秦山古岛，黄海仙境"之美誉！

带上行囊，循着那渔火指引的方向前往秦山岛，看看能否与那里的风景结一段情缘……

三绝之"神路"

早就听说黄海的秦山岛上有名胜"三绝"，未见真容就被人们的称赞之声惹得心潮澎湃，如今终于可以揭开它的面纱，一览这海上奇观！

夕阳中的大海总是迷人的，小到一束来自潮水的光影，大到暮色中海天相依的无际天屏。然而这一切都不足为奇，因为无论你行至哪一片迷人的海滨，总会邂逅这样的天作美景。可是这里绝非你想象空间中的某个重逢画面，因为它实在是太美了，美得虚幻、美得不知所属。

在夕阳的挥洒下，一条神路从海面升起，金灿灿的一片。白日再嚣张的大海此刻都安静下来，每当浪花触及路边便变得格外轻盈，生怕弄出半点声响。在温暖的底色下，海水的蓝悄然退去，换之以金色渲染，路坝中央更是绚丽夺目，如一缕金色薄烟飘向远方。一眼望去，那路的尽头已难辨连接天际，还是通往海涯。

↑ 神路

↑ 将军石

神路，乃秦山三绝之冠，全长约20千米，堪称我国最长的海上神路，也是独步华夏、绝无仅有的海蚀奇观。据说寻遍全球，只有日本有一处类似的景观，但无论从规模还是观赏价值都与此处逊色得多。剥离虚幻的传奇色彩，神路的形成还要得益于那些环岛屿跃动不止的海流，正是它们将砾石质的岛岸侵蚀剥离，再经海水作用才汇聚成今天的海上神路。你或许不知，今天仅有0.2平方千米的残余海岛在很久以前要大上十倍！历经千年的海蚀雕琢，在不断冲刷、磨砺下，一条七彩缤纷的海水潜径铺就于我们的脚下。踏上神路，细看脚下的石子，剔透的萤石、彤红的鸡血石、青艳脱俗的石英绿，还有澄黄、黑灰、紫蓝，各种颜色的石子遍布于路间，组成了一条七彩神路。游人在此踏路、赏海、拣石把玩，总是流连忘返，不觉也浸入了海滨黄昏的夜色之中。

由神路回归人间，我们继续前往东峰悬崖，就在那万丈深渊之下，将军石毅然驻守在海涛之中，气宇轩昂之势难以抵挡。岁月如歌，它的模样又是怎样的呢……

三绝之"秦东门"

相传秦始皇统一中国后，曾几次来秦山岛巡游，在公元前212年于海州（也就是现在的连云港市）建朐县，并立石阙，作为"秦东门"。寻找古迹，我们一路向海边前行，刚刚退去的潮水刚好为我们提供了接近岸边的机会。此时，两块巨石映入眼帘，当地渔民说那便是著名的将军石。

由于秦山岛地势较低，涨潮时"秦东门"的大部分都会淹没在海水之中，根本辨别不出它有什么特别之处，看起来不过是一块普通的礁石。唯有退潮之时，才可一见"秦东门"的全貌。在大将军石和二将军石的共同守卫下，秦东门面朝大海，望尽潮涨潮落。据说当年徐福东渡，浩浩汤汤的船队便是由此门跨出，扬帆远航。

将军石为秦山第二绝。此景由秦始皇登山所封，并命李斯丞相撰写碑文，古书称"高一丈，厚一尺二寸，镌七字大如斗"。这是两尊约20米高的海蚀岩柱，当地渔民习惯称之为"大将军"和"二将军"。因巨浪惯性相袭，其中一块已被拦腰折断，而另一块则巍然屹立，成为如今游人摄影留念的佳境。

大海惊涛拍岸的声响，仿佛在告诉我们一个非常遥远而神奇的故事。如此壮观的海蚀石柱，想必只有突出在海中的悬崖，经受海水成百上千年的不断冲击，才会如今日般高耸于海上！

看过"秦东门"，让我们走进渔家，品尝一顿美味海鲜，听一段真实发生过的海上奇观，想象岛上那可望而不可求的海市盛况。

三绝之"海市蜃楼"

海市蜃楼可谓"秦山三绝"之"第三绝"。每年春夏之交，海雾迷蒙，烟岚四起，此时正是海市出没的时节。登临秦山岛三峰之巅，若有机缘必能亲眼目睹这一奇妙壮观的海上美景。准备好你的相机，深呼吸，让跳跃的心安静下来，不要吵到岛上尚未睡醒的万物，向海天相接处遥望，即使海市未能如约而至，一次盛大的日出不也是大自然赐予我们的一份惊喜吗？

秦山岛海市蜃楼

1985年9月13日凌晨4:30~6:00，在赣榆城东下口到海头东部海面出现了一次难得的海市奇观，仿佛一幅巨大的画卷在眼前依依展开。青白底色使背景格外开阔，画卷中巨石嶙峋、变幻莫测，山村古刹惟妙惟肖，皆以黛色渲染，与背景形成鲜明对比，立体呈现。此时，太阳于海市北端主峰背后冉冉升起、喷薄而出，一时间霞光万道，将画卷中的亭塔、村落瞬间染成红色一片，自由散落的红霞甚是壮观。直至太阳高升，海市蜃楼才逐渐消散，来去无踪迹，海天又呈现出原来的模样，仿佛是大自然为早起的人们呈现了一场精彩的魔术。

海滨景区

从海上孤岛回归陆地，一个个滨海景区静卧于海滨，魅力依然。那是云海一片、山水相连的绝代佳境，那里因接连大陆而更显磅礴大气。现代气息与古代芳华融为一体，天作美景与人文历史交相辉映，如同一首经久不衰的老歌，久久回荡在蓝天碧海间……

崂山

"泰山虽云高，不如东海崂"。黄海之滨，在北纬36°05′、东经120°24′，有一座气势雄伟的道教名山。这里山海交错，岚光变幻，云气离合，群峰攒簇。历史悠久的道教文化与秀美奇特的自然景观交相辉映，汇织成一首动人的歌，响彻沧海天穹……

在距"帆船之都"青岛市市中心40余千米处，一座海上名山迎接着万里朝霞，著名的崂山风景区便坐落于此。这里东、南两侧濒临黄海，西与青岛市区接壤，北与即墨古城相依。崂山坐拥446平方千米土地，雄伟的崂山山脉绵延串联87.3千米的海岸线。主峰巨峰海拔1132.7米，以它为中心向四方自由延伸，庞大的山脉又可分为巨峰、三标山、石门山和午山四大支脉，宛如四条青龙，横卧于大海之滨。

崂顶

早在1亿年前的白垩纪，崂山的庞大身影便已初映于万里海疆。漫长的岁月流转，虽已改海田之沧桑，但天工巧匠的无心雕琢却形成了如今崂山之模样。集雄伟、壮观、奇特、秀丽的地貌形态于一身，崂山风景区可谓"要山有山，要水有水"。与此同时，蜿蜒曲折的海岸勾勒出众多岬角与海湾，大小岛屿星罗棋布，藏身于浪尖，那紧逼大海的东南山岭更是携海入景，共同绘制出"山海相连"的宏图佳画！

若跳出山、海、云、水之自然分类，换之以时序相接重观崂山盛景，想来别有一番韵味。由于地处暖温带地区，崂山气候温暖而湿润，这里冬无严寒、夏无酷暑，可谓"春凉回暖晚，夏温热雨多，秋爽降温迟，冬暖少雨雪"。时序顺接，四季更替，平日本就卓尔不凡的崂山于四季之中更显变幻之奇、更迭之美。春之崂山，云海漫步峰巅处，杜鹃烂漫映山红；夏之崂山，青山绿水鸟回旋，皓日长空泉水绵；秋之崂山，秋霜初降天更高，层林尽染海亦深；冬之崂山，瑞雪呈祥银蛇舞，玉树琼花雪中现。

在崂山，独特的山海风光与悠久的道教文化交相辉映。这里既有"神窟仙宅"之盛誉，又有山海林泉之交融。特别是著名的崂山十二景，更是令人心向往之。

巨峰旭照

清代乾隆年间，即墨知县尤淑孝的一首绝美诗句，为我们描绘出登临巨峰之巅遥望辽阔沧海的自然画卷，"巨峰旭照"的雄伟奇观便诞生于此，被称作"崂山十二景"之冠！

巨峰，乃崂山最高峰，素有"崂顶"之称，位于崂山中部的群峰之中，峰顶面积约1.5平方

⤊ 北九水

⤊ 崂山远眺

⤊ 巨峰旭照

千米。以其为中心，各种奇峰怪石、自然碑柱盘踞于景区之内，其高、其险在崂山九大风景游览区之中堪称之最。

于万千景物之中，"云海"、"旭照"和"彩球"共同构筑了巨峰景区中的三大奇观。特别是"旭照奇观"，因凌空望海更显绮丽壮美、大气磅礴。除了成山头，"崂顶"巨峰也是中国观日出最早的佳境之一。那是旭日于海平线喷薄而出，那是朝霞在彩云端欣然起舞，那是崂顶于黑暗中初露亮色，那是沉睡的山峦在日照下睁开眼睛……

龙潭喷雨

崂山十二景之"龙潭喷雨"源于山中的一帘飞瀑，名曰"龙潭瀑"，又名玉龙瀑。说起它的起源，还要从八水河说起。在崂山景区海拔500米左右的天岔顶、北天门、东西岐等峰峦之间，八条涧水飞流直下，共同汇聚成一条大河，名为"八水河"。河水由万山丛中蜿蜒南下，流经3千米，在中游邂逅悬崖绝壁，从此跌入深潭，凝聚成清澈碧蓝的一汪潭水，这便是著名景观龙潭瀑了。

龙潭瀑

🔶 龙潭瀑

　　这里是前往上清宫、云霞洞的必经之所，北距上清宫约1千米。四周崖壁峭立，河水沿着高20米、宽10余米的绝壁悬空倒泻，喷珠飞雪，犹如玉龙飞舞，甚是壮观。这里潭水清澈见底，潭旁边的一块巨石上，"龙潭瀑"三个大字镌刻有力。每逢大雨过后，这里山洪暴注、飞腾呼啸、水如玉龙、吐雾喷雨，那排山倒海之势正如清朝学士蓝梓之的诗句所言："百尺峭壁高无已，左右青山相近比。一练高挂悬崖巅，玉龙倒喷西江水。余波流沫随风飘，如抛珍珠堕还起。只见泉源直上通，仰视去天不违咫。"

太清水月

　　在崂山东南端，濒临大海，有一处名为太清湾的地方。那里气候温和、林木蓊郁、夏无酷暑、冬无严寒，素有"小江南"之美誉。从波澜起伏的太清湾，穿越茂林修竹，便可抵达崂山规模最大的道观——太清宫。

　　太清宫，又名下清宫，始建于西汉武帝建元元年（公元前140），背依七峰，面朝大海，坐拥迷人山色。这里是崂山道教之祖庭，不仅在崂山道观中规模最大，同时也是全真道天下第二道场。宫前平阔处便是海印寺遗址，东南方即是钓鱼台、八仙墩、张仙塔等著名景

🔶 崂山太清宫

观。在这里，道教讲求的"返璞归真"与崂山的自然生态互为诠释，浑然天成……

　　从初创到现在，太清宫已有2000多年的历史，几乎每朝每代都精心修葺，才有了今天风韵犹存的太清宫。一直保留至今的传统建筑风格，不仅是我国古代建筑辉煌的真实存照，也

创下了国内各宗教建筑中极为少有的典型案例。因此，太清景区可谓是崂山景区中最能彰显道教文化色彩的代表性景区。

作为著名的崂山十二景之一，"太清水月"便是在太清宫景区温情上演的。

恰逢中秋佳夜、海月东升之际，登上太清宫东边的山顶，一起去体验"海上生明月，天涯共此时"之胜景相伴吧。遥望黄海之烟波浩渺，清丽宁静的夜晚仿佛有月神将从天降。回望太清宫，参差楼宇已入云端。天水之月相向而生，水溢光，月更明，如入画中……

明霞散绮

从太清宫北上行约3千米，一座仙洞在绿荫掩映中神秘而幽深，洞口处一棵千年古树历经风雨仍枝叶繁茂，安心地驻守于洞口默默不语。巍峨的玄武峰下，这个看似神秘的洞口便是传说中的明霞洞了。

作为一个典型的花岗岩叠架洞，明霞洞可谓历史悠久、命运多舛。金大定年间，此洞在原有基础上被修建成庙宇，故《胶澳志》有载："明霞洞建于金大定二年(1162)。"可惜在清康熙年间该洞惨遭雷雨，大半塌陷于土中，仅见邱处机于大安三年(1211)题刻之"明霞洞"三字字迹犹存。然而，明霞洞之生命历程仍在延续……

如今明霞洞的动人景观，已不仅限于那个十米见方的小小洞穴，而更增添了山洞右侧的道观景观。道观原名"斗母宫"，始建于元代，是全真道金山派之祖庭；直至明代，观名才由"斗母宫"更名为"明霞洞"。后来，道士孙紫阳来此修炼并重修殿宇，使道教文化扬名万水千山。历经朝代更迭、风雨变幻，这些砖木结构之黑筒瓦硬山式建筑几度扩建、毁坏、再修复，最终形成了现在的模样：现有殿宇、房舍30间，建筑面积344平方米，为青岛市市级重点文物保护单位。

山高林密处，明霞遮羞容。这里苍松蟠绕，形如虬龙；石峰耸立，更显雄风；高筑成台，沟壑纵横；流水清冽，三处环峰。面对碧海蓝空，每逢朝晖夕阳，霞光亦变幻无穷，因而这里被列为崂山十二景之"明霞散绮"。

华楼叠石

在崂山水库南岸，有一座海拔408米的高山，名为华楼山。此山地处北九水西北方向，流淌于山脚的崂山山水碧波荡漾。这里集奇峰、古树、幽洞、名泉于一身，诗文摩崖更是多达30余处。崂山之所以被称为"海上名山第一"，或许是因为古人多选此处为畅游崂山的第一站。

说起它的命名，我们还要将目光转移到山顶那层层巨石上。在华楼山的山顶东部，有一座方形石峰显得格外突兀，那便是我们要寻的华楼峰。该峰高30余米，由层层岩石搭筑。环顾四周，这里已是高处不胜寒。巨大的石峰宛若叠石高楼直冲苍天，难怪人们要将这山顶巨石称作"华楼"。"华楼山，

华楼叠石

🔼 明霞洞

🔼 海上名山第一

县南四十里，山巅有石似楼，故名。"翻阅清代的《即墨县志》，一段这样的文字为我们再次印证了当年"华楼"之得名。

别看华楼峰造型奇特格外引人关注，要想征服它可不如想象中容易。它气势非凡、险不可攀，因而自古便有"崂山第一奇峰"之美誉。围绕这座石峰，民间流传着许多神话传说。相传，当年吕洞宾等八位仙人曾于此处住宿，第二天，何仙姑在峰巅梳洗打扮之后才与其他道友从此出发经八仙墩过海的，所以人们又称华楼峰为"梳洗楼"。

异石突起，犹如华表，岚气蒸腾，海霞漫飞——此乃崂山十二景之"华楼叠石"。

海峤仙墩

在崂山的东南角，距离太清宫六七千米远，有一片断落如厦的崖岸。喧闹如波，沉静如石，此处唯有一条小路通往峭壁海崖，故一般无人踏访。风劲浪高，波涛汹涌，海浪的常年冲击与磨蚀，铸成了这里以海蚀岩洞为风貌的自然奇观。

崂山十二景之"海峤仙墩"便是指这里的八仙墩。它坐落于崂山东南突出的海岬崂山头。高崖凭海立，石墩浪中现。只见十余块两米高的石墩在一拨又一拨的浪涛中岿然不动、稳坐如仙。传说这正是八仙过海时曾经小憩的地方，然而真要说起它们的形成，那可是经千万年的磨炼。在浪涛的长年冲击下，岬角南侧基底被逐渐剥蚀镂空，最后坍落坠海，成为一片陡立的石壁。它们或卧或立、大小各异，平滑的外表恰如落座的石墩，因而得名。

据《崂山志》记载："八仙墩，有石坡广数亩，东下斜插入海，海水汹涌，山势若动，其北则峭壁千仞，险峨逼天，下纳上覆，其势欲倾，石层作五色斑驳如锈，处其下者，仙墩也。大石错布，面平可坐，海涛冲涌直上与墩相击，搏浪花倒卷数丈，飞舞空际，如玉树，如银花，如琉璃，如珠矶，可喜可愕，洵山海奇险之极观也。"由此看来，如此之绝妙佳境，若不入列崂山十二胜景，那自是万万说不过去了！

九水明漪

北九水本是一条山间的河流，全长9.5千米，人称"九水画廊"。它发源于巨峰北麓，自海拔1000米的高山上飞流而下，穿涧破峡，汇入白沙河，最终奔流入海。

⬆ 八仙墩

⬆ 北九水

⬆ 北九水俱化潭

因水有九折而得名，北九水又可分为内九水和外九水两段。难得的是每一水都汇聚着一处名胜，每一名胜又汇聚风景千重。以水为特色，北九水游览区每年迎接八方来客。这里空气湿润、气候清凉，丰富的动植物资源为青山绿水添注了更多的亮色。与崂山东南麓的"小江南"气候相对，这里四季较为分明，素有"小关东"之别称。

翻开《胶澳志》，一句话简约而生动地为我们描述出北九水之胜景："水作龙吟，石同虎踞，音乐图画，文本天成。"的确，在崂山十二景中，最为秀丽多姿的当数这"九水明漪"。随处可见的象形石栩栩如生、惟妙惟肖；寓意深邃的十八潭，风格各异，意境生联。这里熔"道法自然"与山水灵秀于一炉，集流水飞瀑与青崖怪石于一身。内外九水曲折共生18道湾，涧水遇峰必折，折处必成深潭……

🌱 北九水潮音瀑

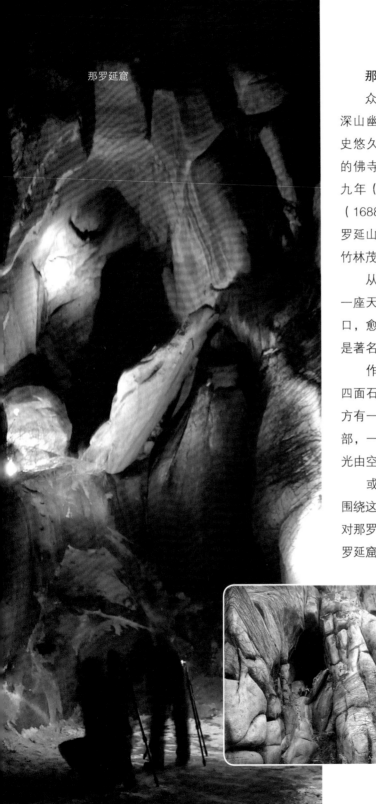
那罗延窟

那罗延窟

众所周知，崂山乃道教名山，其实在这深山幽谷之中，佛教文化也是博大精深、历史悠久的。在崂山景区内，有一座规模浩大的佛寺，人称"华严寺"。它初建于清顺治九年（1652），全部建成于康熙二十七年（1688），整座庙宇群落安身于崂山东部的那罗延山麓，左望大海，背负崇山，洞壑幽深，竹林茂然。

从华严寺出发，沿西路一直向上攀爬，一座天然石洞赫然入目，绿藤攀援而上直抵洞口，愈看愈渗透着几分灵光。毋庸置疑，那便是著名的崂山十二景之一——那罗延窟。

作为一处天然的花岗岩石洞，那罗延窟四面石壁光滑如削，地面平整如刮。石壁正上方有一方薄石凸出，形状极似佛龛。在洞的顶部，一个浑圆而光滑的洞孔直通蓝天，白日阳光由空渗入普照洞窟，使洞中显得极为明亮。

或许这石窟与佛教中的意象有着不解之缘，围绕这一洞窟自古便有传说流传。《华严经》中对那罗延窟便有这样的描绘："东海有处，名那罗延窟，是菩萨聚居处。"又有传说称，这洞原本无孔，那罗延佛在成佛之前曾带领徒弟在此修炼，当他修炼成佛后，凭借巨大法力将此洞顶冲开一圆孔，随即升天而去，这才留下了如今这个通天神洞。其实在梵语中，"那罗延"实乃"金刚坚牢"之意，而此洞窟又是由花岗构成，极为坚固，恰巧与梵文的那罗延名实相符。

旅顺口

碧海蓝天、气象万千，在长白山余脉一直延伸向南的端口，一座滨海之城诞生出一片美丽的景区，它便是旅顺口。这里有我国著名的北方军港，战争风云中的血雨腥风如今被注入了大海的清新与蔚蓝。红色的屋瓦藏匿于一片碧翠，高高的山岭串联起座座名山……

旅顺口地处辽东半岛最南端，这里三面环海，一面依靠陆地与大连市区紧密相连，是"大连海滨—旅顺口风景名胜区"黄金旅游线路的重要组成部分。只见旅顺口将黄、渤两海"左拥右揽"，与山东半岛隔海相望。重山环绕的不冻良港一分为二，东澳港小水深，西澳则港阔水浅，港口大门朝向东南，东有黄金山驻守，西有老虎尾半岛巡视，从高空俯视，犹如一对蟹螯置于胸前，可谓"滨海一景，自然成趣"！

年轻的心态赋予了旅顺口百年不变的容姿，它在带给游人一片美景的同时，也成就了自身之从容。其实，早年这里并未被称为"旅顺口"，而是"狮子口"。那是公元1371年仲夏，明朝定辽都卫指挥使马云、叶旺率领一支舰队由山东登州起航，历经三天三夜的海上漂泊，终于来到了时称"狮子口"的旅顺。登陆后，大军凭海临风，回望征程，一路顺风顺水使众将士难掩内心之欢愉。为遂部众之心愿，两位将军取"旅途平顺"之义，将此地更名为"旅顺口"。至此，东晋时代的"马石津"、唐王朝的"都里镇"、辽金元时代的"狮子口"——这些挟历史风云的旧日称谓，如今已化作历史的记忆，尘封在古籍文献之中，或流传于长者的说书里。

带着那一抹逐渐黯淡的记忆，让我们前往旅顺口的滨海景区，一睹那流金岁月里愈加迷人的山山水水。

黄渤海自然分界线

老铁山头入海深，黄海渤海自此分。
西去急流如云涌，南来薄雾应风生。

在这里，一首难寻出处的小诗，为我们形象地描绘出地处老铁山黄、渤海自然分界的壮观景象。据说，当年玉皇大帝在分封四海龙王各自疆域时可没少费心，尤其是在解决黄海和渤海二龙王纷争时更是大伤脑筋。无奈之下，玉帝只好派太白金星前往两海上空实地考察。太白金星来到老铁山附近海

⬆ 黄渤海自然分界线

域，只见这里地势险峻、水流湍急，但水色却略有不同。回到天庭，太白金星将当地情况如实汇报给玉帝，最后经黄、渤两海龙王协商，这才确定了划分方案。于是，玉帝龙颜大悦，当即命太白金星重返老铁山海域，将手持令箭投向海底。只闻一声轰鸣激起万丈洪涛，海底一道深深的沟壑由此而生，与此同时，两海也变得泾渭分明：黄海海水呈深蓝色，而渤海海水则更显浑浊，呈现出微黄色容颜。

美丽的传说赋予这一自然景观以浪漫的想象，然而深藏于海底的海沟才是酿此奇观的真正艺术家。如今，在辽东半岛的尖端，老铁山角巍然矗立延伸至黄、渤海之中，两海的自然分界线清晰可辨。在白色灯塔的映衬下，深浅各异的海水美得无以言说。

旅顺军港公园

依界划分东西，我们惜别富饶的渤海，继续畅游北部黄海。沿岸北上，经柏岚子浴场，我国北方一个著名军港映入眼帘，那便是旅顺军港。

停船靠岸，旅顺军港公园吸引了众多游客。这处最具滨海小城风光特色的公园，坐落于白玉山南麓，地处旅顺军港北岸，公园南对旅顺口门的主航道，北临黄河路，西与旅顺西港相连，东与旅顺东港相望。这是一座有着28年历史的人造公园，占地面积5000多平方米。别看它年纪轻轻、面积不大，可这里景致独特、人流如织，尤其是面对着的旅顺军港，历史更是可追溯到19世纪末。

作为曾经的世界五大军港之一，旅顺军港地处辽东半岛的西南端，卧居在黄海北岸。1881年秋天，李鸿章出于巩固北方海防的考虑，选择旅顺为北洋海军根据地。他亲率部分文武官员到旅顺口考察形势，并得出了"旅顺口居北洋要隘，京畿门户，'为奉直两省海防之

旅顺口

关键'，'盖咽喉要地，势在必争'"的结论。一年后，军港建成，号称"北洋第一军港"。

漫步在军港公园的曲径小路上，园内架起的紫藤花架颇具匠心，草坪铺设有致，锦带、龙柏、柳树、雪松等观赏树木遍布园中，绿意盎然。在公园东面的入口处，一座3米多高的汉白玉石雕"军港之夜"优雅竖立。只见一个少女背靠弯弯的月牙，正手弹吉他动情歌唱。再到中间入口处便是久负盛名的"旅顺口"石碑了。这是一块重达0.75吨、采自老铁山的天然巨石。正面刻有郭沫若的手书"旅顺口"三个大字，背面则将旅顺口地名的来历向游人精彩呈现。除此之外，在公园西侧还竖有一座高大的"醒狮"铜雕，它昂首挺立，张开大口似呼啸向天。

如今，这些经典的雕像碑刻已俨然成为旅顺口的重要标志。每至旅游盛季，游人云集，来自全国各地的游人到此一览军港奇观，甚至为留下珍贵的瞬间纪念，不惜花时间排起长队耐心等候，久久不愿散去。

↑ 醒狮雕像

↑ 军港旅顺口

白玉山

告别百年军港，让我们循山路登上更高处，那里风景秀丽，藏有旧时旅顺八景之一"白玉夕曛"；那里战迹斑驳，蕴含爱国主义不朽之意。

风光绮丽的白玉山，正是旅顺口白玉山景区的中心观景点。早闻当地人称"到旅顺不登白玉山，就等于未到旅顺口"，来到这里你才会真切感受此话的真谛。站在白玉山之巅，旅顺港及新老城区全貌尽收眼底，海上风光更是一览无余。

白玉山，原名"西官山"，相传早年山石洁白如玉而得名，不过，还有一种说法，那就是当年北洋大臣李鸿章在此建港巡察，听闻幕僚们说对面的山名为黄金山，便随即说道"既有黄金，应有白玉"，于是人们就把此山更名为"白玉山"。

⊛ 白玉山甲午古炮

清代这里曾是我国军事重地。光绪九年（1883），16间军械总库在山的东北麓建造完成，库门楼上那"武库"两字还是当时李鸿章亲笔所写。清朝末年，由清廷修筑的白玉山炮台在甲午战争的烟火中被无情摧毁，军用物资也被洗劫一空。20世纪初，沙俄占领旅顺后，白玉山曾一时被冠以俗称——"鹌鹑山"。在沙俄的霸占下，弹炮枪支、欧式别墅等异国痕迹开始出现在山中。

1905年，日本军队进驻白玉山，取代了沙俄的地位。4年后，一座祭奠日军战死亡灵的"表忠塔"在白玉山上竖起。塔身高66.8米，形如一支硕大的蜡烛。如今，"表忠塔"这个浸染着日本帝国主义色彩的名字已被更名为"白玉山塔"，成为日俄侵占旅顺口的历史铁证。

勿忘国耻，爱我中华，祖国山海，似锦如花。登临白玉山，看山海相连处，蓝绿掩映；远眺旅顺口，望灯火阑珊处，霓虹如裳。

◀ 白玉山塔

成山头

好运角

　　这是陆地作别大海的地方，是秦始皇东巡至海的极末端。这里有入列中国最美八大海岸的极致风景，有来自海平面的第一缕阳光。灵气汇旋，滨海极境，激流涌现。试问自己有多久没欣赏过一次绝美的日出了？若此时你在暗自神伤，那就背上行囊将自己放逐于山海之间吧，到成山头去寻访先秦遗迹，至黄海边坐盼朝霞漫天……

　　成山头，又名成山角，旧称"天尽头"三个字更是赋予这片土地以无限神往的浪漫情怀。这里位于山东省荣成市龙须岛镇，因遥至成山山脉最东端而得名。成山头海拔200米，东西宽1.5千米，南北长2千米，占地面积2.5平方千米，三面环海，一面靠陆，与韩国只有一海相隔，距离仅94海里。

　　这里群峰苍翠连绵，大海辽阔无边。地处南、北黄海的交界之所，成山角享尽海风拂面、浪花伴舞的温柔对待。与此同时，这里还有堪称一绝的海上日出。当身居胶东半岛的人们还在熟睡中，这里的礁崖已有幸欣赏到来自天际的第一抹晨光。那是霞光由零星一点到普照四面八方，那是海洋由一片灰暗换装碧蓝衣裳，那是沉睡一夜的海天相视一笑所激起的数朵浪花……

　　由于拥有多处典型的海蚀地貌，成山角吸引了国内众多地质学家的目光。海蚀洞于海崖底部悄然生成；海蚀柱于

神秘千古的仙境

看中国第一太阳

↑ 成山头石碑

潮水起伏中长短时变。集海岸、海湾、海岛生态系统于一区，成山头具有如此丰富的海洋生态系统多样性，在国内实属罕见。独特的地理区位以及不同性质的水团汇集于此，更将这里造就为我国北方海洋生物物种多样性最为丰富的海域。

如果说有关成山角的"自然科学之谜"还有待进一步发掘，那么数千年的人文历史更是这里千古传唱的佳话。遥远的传说难辨真伪，可那些遗留的古迹却从不说谎。它们见证了这里发生的一切，是沧海桑田，也有一代帝王的无奈与感伤。

始皇庙

进入成山头风景区看到的第一处景观便是始皇庙。它坐落于成山峰下阳坡上，庙内三殿香火不断，通往正门的百级阶梯甚为壮观，威严之感颇有当年始皇余风。公元前210年，秦始皇一路东巡，寻找长生不老之药，来到此处并建造行宫，它便是今天这座庙宇的前身。

虽时过境迁，但"始皇之行"却值得长久纪念。当地人民满怀激情重兴土木改建前身为现在的始皇庙。走遍万水千山，想必在中国你不会再找到第二座如此规模、如此完好的始皇庙。

进入庙宇迎面而对的便是前殿——日主祠，里面供奉着日主，也就是百姓常说的太阳神。成山头与太阳有着千丝万缕的关联，传说中这里居住着"古代八神"之一日神。大殿中央，只见他手捧红日，一只小鸟停落于红日之上。此鸟名为"金乌鸟"，又因生有三脚而被称作"三足鸟"。在古书中，这个生灵便是太阳神的象征，

始皇庙钟楼

能带给人们吉祥和幸福。祠堂东、西两壁，生动的壁画一面展现了当年汉武帝来此拜日的盛况，另一面则将太阳神亲驾龙车驰骋天际的盛况再现。帝与神相对，史与话同现，小小日主祠可谓风光无限！

独特的地理位置赋予成山角独特的海洋文化，众多思想文化也在此凝聚升华，最终铸成众神共处一殿的奇特景观。在中殿始皇殿内，秦始皇与文财神、东海龙王和谐共处，游人来此祭拜，可谓"一香献上，众神皆欢"。

继续向深处前行便是邓公祠。这里有光绪皇帝诏彰北洋水师爱国将领邓世昌的御碑，以及第一代修庙人、第一位老道长徐复昌的羽化坐棺。你可能会问，为何在千古一帝的庙宇里还另立邓公祠？那是因为今天的成山头不只见证了帝王、众神的背影，还隐藏了一段辛酸过往。作为黄海海战的主战场之一，当年激烈的海战便是在距成山头以东10海里外的海面上打响的，北洋水师爱国将领邓世昌就殉国于此。为了表彰他誓与战舰共存亡的英雄气概，光绪皇帝御赐碑文，谥号"壮节"，逝者长辞，生者永记，这块传世"邓碑"便特此保留在了始皇庙之中。

望海亭

来到成山头，人流汇集处总有佳境掩映其后，但无论如何，大海总是那最绚烂最壮观的底色，就在始皇塑像凭栏远眺之处，一座别致的小亭矗立于海边，吸引了我们的视线。

公元前210年，秦始皇在成山头山顶修建了一座望海台。然而风雨洗礼、朝代更迭，年代久远的望海台终于不负岁月的侵蚀轰然坍塌。后来，人们就在它的原址建筑望海亭，虽更换了容貌，但依旧动人，不减当年之神韵。蓝天碧海，涛声依旧，昔日帝王专属的观海圣地，如今成为游客赏景、观海的著名景观。

站在望海亭，成山头的大好风光尽收眼底。若赶上海雾萌生那更是别有情趣，那时脚下云雾渺渺，恍如来到云间，一种腾云驾雾之感油然而生，欣然瞭望，活似神仙。站在望海亭上，周边的景致可以为你疏导心灵、排忧解难。在这里，游人不仅能获取海一般宽广的胸怀，据说还可吸纳海之灵气，闻之乐哉妙哉！如此聚纳"陆、海、山、风之灵气"的绝妙佳景，何不抒怀赋诗一首！

好运角

半岛入海，终有一结点。好运角便是中国地理方位上的"角之极地"，即我国大陆伸向海洋最深处的地方，是真正的"东方第一角"。这里又是古籍所述的"朝舞之地"，是我国万里海岸红日最先升起的地方。辽阔的海面为朝阳铺就了最大的舞台，任其舞动身姿，挥洒霞光，释放出亘古不变的激情与能量。

作为国务院确定的国内唯一以"好运"为主题的国际旅游休闲度假区，好运角自古便是人们公认的福运高地。它吸纳八方灵气，通达四方，辐射六合，集天地之精华，成天下之好运。如今，矗立于海涛之中的"好运角"石碑更是成为这里的标志，吸引众多中外游客前来一睹其尊容。

熟悉国画艺术的朋友都知道，在我国古代，国内的名山大川常被画家整合成一条巨龙的形象，寓意如巨龙腾飞的中国。"好运角"石碑所矗立的位置，便是那龙首所在之处，相传可吸纳龙脉之精气、升华一生之运势。据史料记载，公元前210年，秦始皇登临成山头并刻石立碑。他命丞相李斯手书"天尽头秦东门"，并在石碑背面刻碑文300余言，歌颂此地的物华天宝以及自己的丰功伟绩。不过，由于年代实在久远，石碑终究断裂，后沉入大海。

望海亭

千年石碑虽沉寂入海，但"好运角"作为"角之极地、好运高地"的独特意义却伴随时代的发展更加凸显。千百年来，它已成为国人心中的一块"圣地"，难再搁浅。于是，一块高180厘米、宽85厘米，厚35厘米的新石碑于原址建立，不仅成为人们顶礼膜拜、祈福添运的"神地"，还是中外游客一直以来心向往之的所在。

碧海蓝天，涛声轰鸣，几只鸥鸟振翅飞过，宛如福祉降临，欢腾一片。手扶栏杆，沿阶梯一路通海，却见两座平台止步崖端，石碑孤立海上不可触及，却又是咫尺身前……

秦桥遗迹

秦桥一梦难再续，遗迹处处把歌传。这歌声来自秦桥边的阵阵涛声，更源于流传千古的传说在民间的不住传唱……

⬆ 好运角

当年秦始皇东巡至成山头，想要在此修建一座长桥到海的东边寻仙访药。他派人风雨兼程，运石填海，日复一日，此举终于感动了东海龙王，并命海神帮助始皇一起造桥，神奇的是一夜就使大桥延长了40余里。皇帝感激涕零，要面见海神。可海神自觉长相丑陋，他与皇帝立下约定：不许为之画像，便可见上一面。最终二者相见了，可谁知始皇未能守信，让画师藏于工匠之中，并把海神画了下来。觉察后的海神甚为生气，斥责之余立即毁桥离去，只留下四个桥墩荒落海边。

如今，秦桥遗迹已成为成山头风景区的重要一景，与之相关的还有"射鲛台"。

传说当初徐福为讨秦始皇欢心，谎称海上有仙山三座，生有长生不老之药草。秦始皇信以为真，立即将三千童男童女和大量金银拨予徐福。可终难成真，找不到仙草的徐福又哄骗始皇说：东海有一大鲛横亘海中，保护着仙草。求药心切的始皇帝终不愿放弃，又派最佳射手赶往成山头，站在海边的一块巨大礁石上箭射鲛鱼。于是，在成山角的海滨，传说中的礁石得名"射鲛台"，幻化为真实世界中的又一名胜古迹。

⬆ 射鲛台

九顶铁槎山

"万石嵯峨摩太空，饮溪牛马状难工。海雾岛雾一千里，尽入虚无缥缈中。"

云雾缭绕中，铁槎山九顶连绵，宛如叶叶扁舟，浮动于云海之上。待晴日山巅瞭望，层林尽染、博海无边，彩云与山林结合，庙宇与仙洞同辉。悠远的道教文化，千年的动人传说，都为这里增添了一抹神秘的底色。奇峰、怪石、劲松、智水、云气，来到九顶铁槎山，你便走进了一处海滨仙境，融入了一幅崭新的山水画卷……

九顶铁槎山风景区位于荣成市南部，与威海市区相隔100千米。巍峨峻拔的槎山横卧于黄海之滨的北岸，海岸线43千米，总面积有45平方千米。主峰清凉顶海拔539米，因峰连九顶，山色如黛，故得名"九顶铁槎山"；又因与南槎山江南余山相对，亦有"北槎山"之称谓。这里云气飘忽不定，海市蜃楼如梦似幻，实乃洞天福地，自古便有"大东胜境"之美赞。

翻阅古籍，让我们进一步了解了槎山富有诗意的命名。原来，"槎"字在古代作"筏"字解，意为船只。这里依山傍海，若逢春夏秋季节交接之时，雾气翻卷升腾形成云海，槎山九座高顶绝尘而上，直入云端，不正如叶叶扁舟浮游其中吗？"山如海上槎"想必便源于此吧！

槎山怪石

庙宇藏仙

"延寿宫"据说已有800多年的历史。这里背靠苍峰，面向碧海，三面群山环绕，乃修身养性之胜地。古人曾形象地称此地"悬榻低云树，开窗近斗星"，实有身临洞天福地之感。据记载，金大定年间王重阳东来授徒，香火终日未绝，在这里留下了大量的遗迹。

步入延寿宫古建筑群，首先映入眼帘的便是那黄色照壁上的八卦图，上刻有"增福延寿，云光仙境"的字样。绕壁而行，后面便是正殿堂。院内三清宫、天后宫、药王庙、关公庙、钟楼、观音阁等建筑各具特色，佳境连连。欣赏着座座建筑，你或许还不曾得知，其实那座朴素典雅的延寿宫早已在战火中毁于一旦，唯有几座断碑残碣可供人凭吊。1991年，荣成市人民政府对延寿宫庙群予以大力修复，这才有了今天焕然一新的庙宇佳景。

槎山

↑ 槎山

↑ 槎山石刻

↑ 槎山女娲石

藤萝垂悬，其攀援而上的五角枫树两人合抱才可围上一周。妙趣横生的痒痒树一旦被人触摸，便会随即摇动起来，甚是喜人！继续前行，延寿宫的又一处知名建筑——三清宫呈现在我们的面前。

这是一座宏伟壮观的殿宇，青瓦红柱，飞檐凌空。殿内供奉有道德天尊（老子）、灵宝天尊和原始天尊三清塑像，神态各异、栩栩如生，威严坐立又不无慈祥。殿宇西侧，有一个天然巨石盖顶的石洞，那便是我们前文说过的云光洞了。

浓郁的道教文化是九顶铁槎山的灵魂所在，如同一曲古韵悠长的琵琶乐，久久回荡在山峦之间。然而，槎山的迷人之处还不止这些，除了斑斓云海烘托出奇观九顶之美，无数奇石占据峰壑也是各领风骚。作为一座久负盛名的省级地质公园，随处可见的奇峰怪石是这山海风景中的另一抹亮色。

怪石林立

这里山连着山，岭连着岭，苍翠蔽日，怪石嵯峨，大自然的神工巧匠在与人类的竞争中表现得毫不逊色。在天工看似无心的雕琢下，一块块笨重的石头变成了令人称奇的艺术品，有水帘洞旁的"狮子大张口"、南天门处的九人石、清凉顶处的鹰嘴石、九龙池北侧的龟驼子怪石等，当然有着动人传说的女娲石更是令游人叹为观止。

话说当年女娲炼石补天，开始由于经验不足，掌握不好火候，遂将几块欠了火候的补天灵石丢掷人间，不料它们竟坠到九顶铁槎山的山路旁。如今，登临槎山，几块巨石零落稳居在山间。仔细想来，那鬼斧神凿般的孔洞，可不就是女娲留下的指痕嘛！当年的补天灵物，现在静静地守候于路旁，于是脚下继续向前的蜿蜒小路也顿时灵光起来，踏一脚，仙气四溢，妙不可言……

⊕ 云光洞石刻

⊕ 云光洞

道佛圣地

"九顶铁槎山，八宝云光洞"，在铁槎山有一处因道教文化而闻名于世的景观，人称"云光洞"。那是道教仙人修炼数年的居身之所，更是众多奇景荟萃云集之处。

在峰高林深处，云光洞安静地藏身于槎山景区龙井顶前怀的一块平坦地面上。此处曲径通幽，风景秀丽。洞的西边，一条清澈见底的小溪潺潺流过，溪水长年不断、泠淙连绵；洞北松柏玉树临风、岩石参差交错；东部万丈深涧叫人只可远观不敢凑近；南面则是浩渺无垠的大海，云起云落处遮掩海的另一端。这里四方各成一景，可谓"洞中观景，四处斑斓"。

悠然洞中居，真经笔下撰。相比天然美景，云光洞更是成名于一位道人和一本道教典籍。对于云光洞的原委，崇尚道教的《封神演义》早已有过详细而生动的记录。翻阅史书，一段道教发展的经典过往跃然纸上。金代大定九年（1169），王重阳东来授徒，倾注心力创立了我国道教全真教。王重阳的徒弟王处一（字玉阳）习得道法后东游槎山，来到了云光洞，从此身居洞中，钻研全真道法，一待就是9年。著名的道教典籍《云光集》融汇了王处一多年修炼之精华，正是在云光洞中撰写完成的。功成后他还在此处创立了全真教嵛山派，成为我国道教文化影响深远的重要一笔。

在云光洞，除了有王玉阳的道骨仙踪，更多的传说佳话也与这里有着千丝万缕的联系。八仙之一的张果老就在槎山出家，是否到访过仙人洞倒是不曾得知，不过看过《封神演义》的人或许能记得，当年姜子牙派人星夜赶到槎山云光洞，向度厄真人借定风珠，才大破了"风吼阵"。《杨家将》中的萧太后也曾派人从槎山请来"颜荣真人"帮她摆阵。由此可见铁槎山自古灵气汇聚、仙人辈出，这与云光洞中深居简出的道家仙人自是不无关联。

历经数百年，如今的云光洞仍未改当年之容颜。洞前岩石上凿刻的"云光洞"三个大字仍然清晰可见，只是洞中仙人早已羽化西归，换作一尊塑像安坐洞中，不是神仙但胜似神仙。

如此看来，九顶铁槎山中的烟雾弥漫还真不是煞有介事的装扮，这里自古便是道教之圣地。其实，在槎山景区还有一处洞穴与道家有关，名为"千真洞"。可独特的是，这里并不只有道教踪影，千尊佛像深藏于洞中，为这个"崖顶孤洞"带来了佛教的气息。

铁槎山风景区西北方向的清凉顶上，起于东晋、兴于北魏、盛于隋唐的石窟文化在此找到了踪迹，著名的千真洞便是一处典型的代表。千真洞，又名千佛洞。这是一座中央竖有石柱塔庙式的典型石窟寺，开凿于东晋十六国时期。要知道，石窟原是印度的一种佛教建筑形式，而只有在山崖巨石上开凿的佛教洞窟才能称得上"石窟寺"。在我国山东省内，名山大川数不胜数，然而除了槎山"千真洞"之外，恐怕你再也找不到第二处石窟寺了。因此，小小空间内承载了莫大的荣耀，槎山"千真洞"有了"中国海岸第一石窟寺"的光荣称号。

仰望峭壁，一间房门大小的洞口向南敞开，那红花绸缎垂悬之处便是传说中的千真洞了。只见"千真洞"三个大字刻于洞口上方，向内探视，一个如房间大小的洞穴赫然入目。据测量这里深约8米，高约1.9米，宽约4.3米。走进洞穴，你会惊奇地发现密密麻麻的佛像雕刻在洞壁上，大者与人同高，小者盈满手掌，雕工极为精细。在雕刻时序上也颇有讲究，左侧9行，右侧8行，洞门两方各有一座大佛像把守，细细数来，原来这"千真洞"之"千"字竟非虚数，除了洞内的998尊，在北山坡一处称为"上天梯"的侧壁上还有剩余的两尊。

在自然光束的照射下，千尊佛像一一呈现在眼前，它们神态各异、惟妙惟肖，符合东晋十六国时期厚唇、高鼻、长目、丰颐、宽肩之佛像特点，同时亦融有古代印度石窟佛像之精髓，充分反映出那一时期中印之雕刻风格。

◑ 千真洞内佛像

➲ 槎山

保护区与国家公园

在这里，陆地与海洋两大生态系统交错相融、完美过渡；在这里，水草肥美、湿地成片、候鸟蔽日、景观连连。生机无限的滨海地带，既有河水湖泊浅唱低吟，又有辽阔黄海引吭高歌；既有天鹅、仙鹤翔集，又有鱼虾、牡蛎欢乐。或人迹罕至，或每日迎客，一片片国家级保护区温情如故，期待你的关注与关爱……

丹东鸭绿江口滨海湿地

在我国海岸线的最北端，有一片辽阔的滨海湿地名扬中外。那里碧波千里、万鸟翔集、芦丛深幽、云鹤成双。一年一度的观鸟节，吸引着众多游客前去踏访，一时间碧波涌荡，水浪滔滔，万鸟腾空，直冲云霄。每年春季，如此之震撼场面便在那里激情上演，那便是享有"我国原始滨海湿地缩影"之美誉的丹东鸭绿江口滨海湿地！

魅力海滨　生机无限

丹东鸭绿江口滨海湿地位于辽宁省东港市境内，中国绵延万里的海岸线风尘仆仆、一路向北，在这里邂逅了一片海滨胜地，从此再不愿延长。这是一座国家级自然保护区，区内集陆地、滩涂、海洋三种自然元素于一身，融东北、华北植物区系于一处。三大生态系统在此交汇过渡，形成了独特的地域风貌。芦苇湿地诗意盎然，湖沼、潮沼水纹连连。宁静的河水湾，不仅孕育着无数生命，就连那突然闯入的小船也心生爱怜，任其安然入睡，来去自由。此情此景，岂是一个"美"字便可形容？

如一条碧绿的丝带点缀海滨过渡带，鸭绿江湿地毗邻朝鲜，沿93千米海岸线呈带状分布。在10.81万公顷的土地上，原本脆弱、敏感的自然环境在漫长的形成、演变过程中定格成今天的模样。如今，这里俨然已成为动植物自由生长的

⬆ 鸭绿江口湿地

⬆ 鸭绿江口湿地的鸟类

乐园：一望无际的芦苇荡内，植株茂盛，充满莺歌燕语；潮沼盐地深得潮水周期性的爱抚，自身也乐于成为贝类、蛤类、蛏类成长之摇篮；碱蓬盐沼尽显北方湿地的独有韵味，在浪漫的深秋化身一眼望不到边际的"红地毯"；还有那河口湾，由于淡、咸水交汇而成为鱼类洄游的必经之所。如若继续向东便到了浅海海域，进入海洋天堂的浮游生物在此格外欢腾，同时也吸引了更多鱼虾前来索饵。此情此景让我们不禁感叹：短短海陆交汇带，竟是如此斑斓、生机盎然！

资源丰富　草长莺飞

1987年，丹东鸭绿江口滨海湿地经原东沟县人民政府批准建立。8年后升至省级，短短两年后经国务院批准荣升为国家级自然保护区。

在享有盛名的同时，湿地内部的生物多样性也是越来越丰富。其中，鸟类资源更是首屈一指。得天独厚的自然环境吸引众多禽鸟在此繁衍生息，鸟类总数累计240种。其中，有国家一级保护鸟类丹顶鹤、白枕鹤、白鹤、白鹳等8种，国家二级保护鸟类大天鹅、白额雁等29种，更有世界濒危鸟类黑嘴鸥和斑背大苇莺前来逗留嬉戏。与此同时，中日候鸟保护协定中的327种鸟，在保护区内发现了114种，占总数的35.2%，而中澳候鸟保护协定中的81种鸟也有43种在区内频现，更占总数的一半以上。

候鸟蔽日　驿站流芳

这里未至终点却是补给之源，这里并非天堂但胜似天堂。谈及丹东鸭绿江口滨海湿地，有群生灵是总也绕不过去的话题，它们是登上新闻的常客，是这片水土依恋难舍的伙伴，是摄影师镜头中的美丽倩影，也是来去匆匆的异乡过客。

这是一个由澳大利亚、新西兰等地远道而来的候鸟群落，每年4~6月，它们成群结队、千里迢迢来到鸭绿江口滨海湿地自然保护区，翔集之处，遮天蔽日，浩然壮观。可是你知道吗？在启程前，这群不用签证就可入境的"国际友人"会在地球的另一端饱餐一顿，然后大腹便便地长途跋涉，一路风雨无阻，不吃不喝，一直坚持到我国这片富饶的水土才做停息。说来也神奇，漫漫长路，它们却只用一周时间便可如愿抵达，不知是坚定的信念使然，还是这美丽的驿站太过热情的吸引。

如今在保护区内，一座观鸟园已由当地政府搭建，供游人与摄影爱好者一同记录下这空前盛况。只见芦荡、水面、半空到处都是候鸟的身影，它们最多可达40万只以上，密密麻麻的一片，可用"蔚然壮观"加以形容。每逢腾空飞跃，伴随那鸟群轰鸣的是由群体振飞带动而起的巨大气流，让每一位观者都叹为观止，就连第一次前来拍摄的爱好者也会因看得入迷而错过了按下快门的最佳时刻。

这是一群因饥饿困乏而坠落湿地的精灵，这也是一群信念笃定不屈不挠的使者。肥美的水土并没有捆绑它们腾飞的翅膀，或许真是懂得放弃才能飞得更远。下一站便是它们此程的终点——俄罗斯或美国等地区，选择在那里繁殖后代才算完成了它们又一年的美好心愿。

如今，"东亚－澳大利亚涉禽迁徙网络"已于大洋两岸完整铺设。通过湿地国际中国项目办，新西兰米兰达自然保护区与我国鸭绿江口保护区保持着密切联系，欲结为"姊妹保护区"。相信在两国的共同努力下，更多的国际研讨、交流与合作将围绕"候鸟的迁徙"深入展开。与此同时，名声渐起的东港国际观鸟节，也在每年候鸟驻留之际隆重举行。届时，人们以鸟为媒、以节会友，"观鸟、爱鸟、护鸟"的主题活动将在群鸟的"关注"下如期上演。亲爱的朋友，带上你的照相机和一颗爱心，加入这涌动的人潮中，去感受大自然的馈赠，感受人与自然的和谐美好吧！

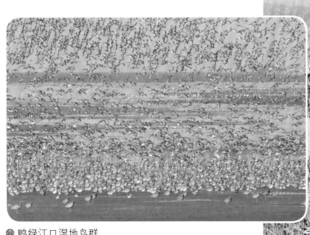

⬆ 鸭绿江口湿地鸟群

➡ 盐城珍禽保护区

江苏盐城国家级珍禽自然保护区

这是一片人迹罕至的自然天堂，水波涟涟，湿地成片；这是丹顶鹤等珍贵水禽越冬嬉戏的乐园，绿草茵茵，歌声串串。大片的滩涂沼泽里，长满了芦苇和盐蒿。一条自北向南的复堆河，天然地将沼泽与村庄相隔。那首《丹顶鹤的故事》中的感人事迹，便发生于此。如今，它已唱遍这湿地的每一个角落，永远铭记于人们的心间……

在江苏省中部沿海地区，有一片绿意盎然、生机无限的滨海湿地，堪称我国最大的海岸带保护区，它便是盐城珍禽自然保护区，又称"盐城生物圈保护区"。这里地处北纬32°20′~34°37′、东经119°29′~121°16′，地跨响水、滨海、射阳、大丰、东台五县（市）；绵延582千米的海岸线，热情地将黄海与滨海湿地挽起，造就了一块总面积达45.33万公顷的富饶土地。

沿着盐城市区正东方向行约40千米，便到了闻名遐迩的盐城珍禽自然保护区。在1.74万公顷的核心区域内，浅海水域、滩涂、盐沼和人工湿地分享田园，陆地水域与海洋水域平分秋色。平坦的地势被茂盛的植被覆盖，一眼望不到边；十余条河流在此横穿保护区，滚滚

↑ 盐城丹顶鹤

东入海。在气候上，这里地处暖温带与亚热带的过渡气候带，因此，海洋性与大陆性气候均影响湿地的阴晴冷暖。这里每年无霜期为210~224天，丰沛的雨水更使这里的年降水量达1000毫米左右。常言道，天无百日晴。烈日炎炎的夏季，保护区内雨水甚多，像洪涝这样的自然灾害也会时有发生，台风、暴雨、大雾、霜冻等坏天气也会不时前往湿地，来一次"突袭"，弄得滩涂在转眼间汪洋一片。

物种广博　野生家园

从高空航拍盐城珍禽自然保护区，只见那茂盛滋长的植被，犹如一床花被色彩斑斓，覆盖着这片资源丰富的水土。截至2008年，保护区内已有植物450种、鸟类379种、两栖爬行类动物45种、鱼类281种、哺乳类动物47种……单调的数字或许未能带给你以思想的震撼，那么，就让我们深入湿地，对照珍稀野生动物名录，去一一认识那些可爱而珍贵的湿地生灵吧。

穿越浓密的丛林，于水道中悄然行进，那些只有在照片和书籍里才可见到的飞禽走兽一一出现在美丽的画面中。有国家一级重点保护野生动物丹顶鹤、白头鹤、白鹤、白鹳、黑鹳、金雕、白鲟等共计12种，还有级国二家重点保护野生动物67种。你看，草丛中一跃而起的是早年在獐子岛独霸一方的獐子，在浅水区正在专注觅食的是黑脸琵鹭，湖水中悠然游走的是洁白高贵的大天鹅，那沐浴于海边依旧憨态可掬的是斑海豹，还有正卿卿我我、惹人艳羡的鸳鸯，徘徊不前的小青脚鹬，成群飞过的灰鹤……

作为物种广博的野生动物家园，盐城珍禽自然保护区凭借众多殊荣已是享誉中外：1983年经江苏省人民政府批准建立省级自然保护区，1992年由国务院批准晋升为"江苏盐城国家级珍禽自然保护区"，同年还被联合国教科文组织接纳为"国际生物圈保护区网络"成员。4年后，保护区又荣幸地被纳入东亚鹤类保护网；2002年被正式列入"国际重要湿地名录"……

"丹顶鹤第二故乡"

江苏盐城因盐而得名，盐城自然保护区却因丹顶鹤而享誉全球。每年来此越冬的丹顶鹤达千余只，占世界野生种群的40%以上。在保护区内，它们将愉快地度过长达131~134天的越冬期，因而这里有"丹顶鹤第二故乡"之美誉。

身为古籍中记载的"仙禽"，丹顶鹤自古便是吉祥、忠贞、长寿之语意代表。它们衣着分明、体态优雅，因头顶红冠而得名。在这里，保护区内潮湿的沼泽或沼泽化的草甸刚好成为它们落脚的佳所，高高的芦苇挺立于水面，更为其休养生息提供了隐蔽的空间。小鱼小虾穿梭于水波，不仅为丹顶鹤提供了充沛的食物来源，也给其家庭生活平添了许多欢乐。

⬆ 盐城丹顶鹤

可能你还不知道，对于丹顶鹤来说，出双入对的鸳鸯根本不值得羡慕，因为它们同样是毫不逊色的模范夫妻。每年4月，乍暖还寒时候，高贵优雅的丹顶鹤便开始按捺不住内心的激动，因为可爱的它们此时也要恋爱了！不过，它们一旦配对成功，便从此终生相伴。只见它们成双成对、比翼双飞，于夕阳的余晖中更显温存与优雅，保护区内那四周环水的芦苇地里，便有它们共同搭建的爱巢。

⬆ 盐城珍禽保护区湿地

一个真实的故事

在盐城，人们口中言说不尽的不仅有那惹人疼爱的丹顶鹤，还有一位姑娘和她的故事，为人们传唱。以她的事迹为背景，20世纪90年代，一首名为"丹顶鹤的故事"的歌曲唱遍大江南北，那动人的旋律每每响起，必会令人想起这位为鹤牺牲的花季少女。

故事的主角是一个叫徐秀娟的姑娘。17岁那年，她便随父亲来到了齐齐哈尔扎龙自然保护区，从做临时工开始点滴积累，逐渐掌握了养鹤、驯鹤技术。两年后，在她的精心饲养下，一只只雏鹤顺利成活，高达100%的成活率更使保护区逐渐蜚声中外；与此同时，徐秀娟也有了"中国第一位驯鹤姑娘"之美名。

1986年5月，徐秀娟刚从大学进修结业，便接到了盐城自然保护区的盛情邀请。为了挚爱的事业，她最终说服家人，不远万里只身南下，来到了盐城自然保护区，与她一路相伴的还有三颗沉甸甸的鹤蛋。

盐城自然保护区是丹顶鹤主要的越冬区，在这里，三颗鹤蛋在徐秀娟的精心呵护下，顺利地孵化出"龙龙"、"丹丹"和"莎莎"三只小丹顶鹤。看着它们一天天长大，再苦再累的工作都能带给她以莫大的欢乐，因为这姑娘已深深爱上了这片保护区中的生灵。

正所谓天有不测风云，1987年，厄运接踵而至。丹丹触电身亡，龙龙误食了一种寄生虫危在旦夕，幼雁感染病菌，两只乖巧的白天鹅又接连走失……这天，寻找多时的徐秀娟回到鹤场已是心力交瘁，忽然西边传来的一声天鹅鸣叫再次唤起了姑娘的心事，嗅着近在咫尺的天鹅气息，徐秀娟扔下自行车，毅然走进了异常空寂的复堆河，这一去就再没有回来……

如今，一座为纪念徐秀娟而雕刻的塑像，就坐落在保护区管理处大院中。每每经过塑像，那刻骨铭心的故事便翻腾于脑海，还有那首动人的歌。

走过那条小河，你可曾听说，有一位女孩，她曾经来过；
走过那片芦苇坡，你可曾听说，有一位女孩，她留下一首歌。
为何片片白云悄悄落泪？为何阵阵风儿轻声诉说？
还有一群丹顶鹤，轻轻地、轻轻地飞过。

——《丹顶鹤的故事》歌词

🔘 蛎蚜山生态旅游区

江苏海门蛎蚜山国家级海洋公园

这是长江入海口不远处的一片神秘地带，潮涨为礁，潮落为岛，于黄海之中时沉时浮、若隐若现；这是由无数牡蛎堆砌而成的滨海奇观，它们代代更迭，层层堆砌，"生死与共"，永不分离；这是令游人向往、让渔民着迷的赶海胜地，人文积淀与现代旅游在此完美结合，妙趣横生又相得益彰。

在东经122°33′以西，北纬32°10′以南，一座似山非山的小岛在潮落后浮出于海面，它便是大名远扬的蛎蚜山。蛎蚜山，又名蛎蚜岛，坐落在江苏省海门市东灶港内，是一个天然的两栖生物岛，也是我国首个国家级海洋特别保护区。

由于地处南黄海潮间带上，这里具有丰富的海洋资源，最为著名的当属那些随处可寻的牡蛎了。在这片生机盎然的土地上，中科院和南京地理所的研究人员先后登陆蛎蚜山进行实地考察。轰鸣的钻探声打破了岛上以往的平静，也点燃了科研人员内心的火焰。一个个看似废弃的牡蛎壳，在此成为地理考证的重要依据，吸引了众人的视线。经专家测定，这些看似不起眼的牡蛎堆，其实已有1540~1946年的历史，其固着的岩基历史更是长达数千年甚至上万年。

神秘岛屿 千古寻踪

蛎蚜山国家级海洋特别保护区隶属于海门市，这是一座位于江苏省南部的沿江城市，因紧邻长江入海口而得名。200年前，当地人在海门东北方约4海里的黄海中，发现了一座小岛，岛上长满牡蛎，于是给它起了一个名字叫"蛎蚜山"。然而日积月累，这座当年由牡蛎堆积起的不起眼的小岛，如今已长成3.5万平方千米的牡蛎大岛，辽阔之势一眼望不到边际，而这样的海滨奇观，不仅在国内首屈一指，在世界上也极为罕见。

考察蛎蚜山的形成，我们还需少安毋躁，因为这与它依托的海门市之兴衰沉浮不无关联，但同时二者之间又存在着很大区别。

早在公元前的时候，海门市所处的地方还是汪洋一片，长江滚滚东流，携带的大量泥沙在此沉积，逐渐形成了一片沙洲，几百年后，日渐繁华的沙洲地带开始建县，取名"海门"。然而世事难料，由于长江水几度更改河道，在海浪不断侵蚀与泥沙不断沉积的交替作用下，小小海门县几度沉落入海，又几度浮出水面。

海门蛎蚜山

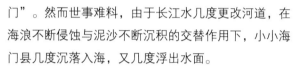

↑ 挖牡蛎

↓ 海门蛎蚜山

与泥沙堆积而成的海门不同，蛎蚜山全是由牡蛎搭建叠积而成，那么，这些必须依附于坚硬基础上的牡蛎，既然不能在松软的淤泥上生成，又会因何种情形于海面突兀呈现的呢？有人说那蛎蚜山下面乃陷落海底的古城，也有人说是古代巨大的船只沉没于其下，还有更多奇怪的猜测与传说。遗憾的是，几次奔赴现场的科考船队最终都未能给我们揭开谜底，神秘的蛎蚜山起源至今仍是一个未解之谜。

认识牡蛎 挖掘牡蛎

待那海水伴随海潮悄然退去，正是游人登船赶往蛎蚜山的最佳时刻。就在不远处，一片又一片牡蛎礁簇拥如菊，欣然绽放。蛎蚜山东西长2.65千米，南北宽1.67千米，呈东西走向延展开来。黄泥灶、泓西堆、大马鞍、扁担头、十八跳等大小不等的60余个牡蛎堆坨积而成，整个岛礁岛面犹如起伏的沙丘，别有天地。

走近看来，那密密匝匝堆在一起的生灵，正是有着"神赐摩食，海中牛奶"之美誉的牡蛎。别看它们的外壳坚硬如石，其实内心是极为柔软的。由于有着特别的习性，刚刚出世的小牡蛎还算自由，它们可以在水中自由游走，但是一旦遇到海中的岩石或是坚硬的物体，灵巧的牡蛎便会像钉入木桩的钉子，变得终身"瘫痪"，成了不折不扣的寄生虫。待到固着的牡蛎死亡后，新一批的牡蛎便会在前辈的基础上继续附着生长，就这样一代接一代，一层叠一层地延续下来……

穿上岛上特供的胶鞋，趁着海水还未涨潮，赶紧去体验挖掘牡蛎的乐趣吧！要想在礁石上挖出鲜活的牡蛎，可不是一件容易的事。你不仅需要敏锐的观察力，钳子、小铁锹等更是必不可少，当然还要小心锋利的牡蛎壳割伤你娇嫩的手指。如果足够大胆，找一个躲在礁体下的小洞深入挖掘，没准还能挖出螃蟹或者抠出海螺。就算这些你都挑战不了，踩踩沙滩，望望大海，想必在这里也是一种别样的体验。

昔日保护区　今日海洋公园

2013年2月4日，从海门市海门港新区传出了振奋人心的消息：国家海洋局日前同意"江苏海门蛎蚜山国家级海洋特别保护区"正式更名为"江苏海门蛎蚜山国家级海洋公园"。这意味着属于蛎蚜山的一个新时代正在向我们走来，一个更具魅力的综合性保护区也将再续前缘。

自2006年成为国内首个海洋特别保护区以来，蛎蚜山一直以其独有的海貌特征、自然资源、文化底蕴等元素吸引着八方来客。正如那著名的楹联所描述的："是山非山，潮落登山，天下奇景扑面来；有岛无岛，汐涨离岛，海上壮观踏浪去。"如今，集保护与开发于一体的华夏第一龙桥——蛎蚜山栈桥已在海滨腾空而起，全长1.28千米的栈桥将为游客提供一个良好的观光平台。与此同时，随着休闲渔船及海上气垫船游览航线的开通，蛎蚜山海洋公园的旅游接待能力也将大为增强，相继面世的旅游项目还有碧海金沙海滨浴场、养生文化体验及温泉度假区、"海底两万里"观景平台、航空俱乐部等，接连不断的惊喜将为中外游客一一呈现……

昔日的重点保护区，今日的国家海洋公园，蛎蚜山带着它永远的神秘感向我们靠近，于潮涨潮落间若隐若现，风韵不减，魅力日添！

◈ 华夏第一龙桥

霓彩黄海

03

千年渔港，百年港城。这是一个又一个守候在海边的城市精灵，它们散布于黄海之滨，彼此携手串联成一道完美的海岸线。在这里，既有历史文化的厚重，又有现代都市的轻盈，城市发展与港口建设同步起航，人文气息与自然景观交相辉映。这里港口辐射航线，航线牵动港口；这里城依海而起，海因城更美。

海滨城市

··

　　一片海，日夜两种姿态；八座城，古今万种风情。在那霓虹初上的时刻，这海与城便柔情地融为一体，共同组成独具魅力的城市夜景。你看那海岸交会处，一座座美丽的城市面朝大海、春暖花开。它们历史不同、文化各异，又因拥抱同一片黄海而彼此相连、倍感亲切，这是海洋的魔力，同时也是城市之间的默契……

··

魅力边城——丹东

　　在我国辽东半岛东南部，滚滚流淌的鸭绿江水与黄海深情相拥，就在那江海交汇处，一座城市悠然诞生。它位于东北亚的中心地带，是东北亚经济圈和环渤海经济圈的重要交会点；它是连接朝鲜半岛与中国乃至亚欧大陆的重要陆地通道；它是我国万里长城最东端的起

点，更是我国万里海疆一路向北的终点。集江、河、湖、海于一身，熔异国情调于一炉，这里便是我国极具魅力的边境城市——丹东！

丹东，自古便是我国重要的边陲要地，这里向东与朝鲜新义州市隔江相望，南濒黄海，西临鞍山、营口，西南与大连毗邻，北与本溪接壤。作为我国最大的边境城市，丹东南北最大跨距165千米，东西196千米，全市总面积达1.52万平方千米。在这辽阔的土地上，既有属于这座边城的厚重历史，也有独具特色的旅游文化。依山、临江、面海，可谓城因水秀，景比画美。那轻盈飘过的习习海风，与那稳步前行的江水，在不知不觉中将整座城市的空气净化、湿润，使这里成为东北地区最温暖湿润的地方，素有"北国江南"之美誉。因此，丹东被列为"最适合人们居住的城市"之一。

如果说贯穿全城的鸭绿江是哺育这座城市的母亲河，那么日益完善的交通网则是丹东发展的重要经脉。这里铁路交通220千米抵达平壤，公路交通距省会沈阳277千米，距离大连252千米；海上交通245海里即可到达韩国仁川港。随着交通网络的不断延伸覆盖，这座偏居一隅的滨海之城将如虎添翼，以更加完美的姿态传递着中国情，走向全世界。

↑ 眺望国门湾

↑ 鸭绿江雾凇

↑ 抗美援朝纪念塔

鸭绿江断桥

一来到丹东，一种源于"水"的情缘便与你相伴同行。无论是深沉的江水，还是奔放的大海；无论是婉约的湖水，还是平静的爱河，相信这里总能带给你眼前一亮的震撼。那是浮躁的内心顿时安静，那是畅游山水时的忘我凝神，更是豁然开朗间的释怀一笑……

江——鸭绿江畔 富饶水土

汇聚万溪、容纳百川，千古江流、一脉相传。在丹东，鸭绿江这一江碧水便是整座城市最亮丽的名片。这是一条世界上仅有的不以主航道为界的界河，中朝两国隔江眺望，异国风光尽收眼底。

发源于长白山南麓，流经长白、临江、宽甸、丹东等市，再沿着中朝边界向西南流至大海，一路走来鸭绿江风雨兼程，却也看遍万水千山。你或许不知，"鸭绿江"这个称谓其实在唐代才开始使用，江水古称"坝水"，汉代改称"马訾水"，因此翻阅古书时你可不要因为找不到"鸭绿江"三字而忽视了它曾有的辉煌。

如今，当我们回顾鸭绿江的峥嵘岁月，总会有一段旋律深藏于亿万中国人民的心中："雄赳赳、气昂昂，跨过鸭绿江，保和平、为祖国，就是保家乡。"每当这熟悉而高昂的旋律在耳畔响起，人们的眼前便会浮现出那碧水奔腾的鸭绿江、那毅然踏上征程的志愿军，以及这座曾见证血雨腥风的边境城市——丹东，于是，一种豪情便如激荡的江水在胸中升腾翻涌。

1950年6月，随着一声枪响，朝鲜内战正式爆发。美国借机干涉朝鲜内战，并将战火一直蔓延到鸭绿江畔，丹东等我国边境城市危在旦夕。此刻，中国人民志愿军英勇跨过鸭绿江，从此打响了保家卫国的抗美援朝战争，鸭绿江因此永载史册，人们也记住了鸭绿江畔这座格外珍贵的城市——丹东。

穿越历史长廊，人们视线内的意象逐渐由黑白两色变为五彩斑斓。而如今，当历史片段已成往事，那些留存下来的遗迹却从未消逝。它们虽然在现代艺术的打造下换上了新装，但伤痕斑驳的本色却从无有意遮掩。这其中，横跨于江水之上的鸭绿江断桥便是最典型的一例。

鸭绿江断桥位于丹东鸭绿江大桥南侧，是日本殖民统治的重要遗迹。该桥于1911年10月建成，距今已过百岁。这原本是一座12孔开闭式桥梁，但在1950年11月被美军无情炸毁，仅剩下靠近中方一侧的四孔断桥保留至今，成为抗美援朝战争沉重的历史见证。

如今，桥上遗留的累累弹痕依旧清晰可见，被炸毁的部分也保留下凌乱残败的模样。以史为鉴，乃知兴替。一座桥和一条江为我们树下了丰碑，这不仅是对已逝英雄的祭奠，也是爱国情怀的时代重现。碧绿的鸭绿江水依旧稳稳流淌，此时，断桥的战争痕迹与江面飞过的白鸽一同入画，默契地将"战争与和平"双重意象呈现给世人，可谓意味无穷……

泛舟于鸭绿江上，畅游这一江之碧水，尽览两国之风光。顺流而下，210千米的航程可以让你全面体验鸭绿江水在丹东这座城市的所有风采。由上游沿东北—西南向往下游漂去，六大景区依依完美呈现。那里有靓丽的望天鹅、奇丽的赛桂林、秀丽的水丰湖、清丽的太平湾、壮丽的虎山长城、旖旎的断桥景区，还有瑰丽的江海交汇。它们如串串珍珠，似点点彩玉，让你目不暇接，赞誉连连。

河——爱河清秀　桃花嫣红

这是一片唯有在诗境中才会出现的世外桃源，河水明澈倒映着青山，桃花灼灼吸引着过客。曾经一首《在那桃花盛开的地方》，经歌唱家蒋大为一唱红遍大江南北，歌中的"桃源"说的便是这里。这里便是丹东著名的风景名胜、国家AAAA级旅游胜地——河口景区。

绿江景区

⬆ 河口风光

⬆ 燕红桃

　　画境中的河，人们称之为爱河，是鸭绿江的一个分支。它发源于一个叫宽甸镇的地方，一路蜿蜒游走，再于九连城汇入鸭绿江主干。这里位于鸭绿江的下游，浓郁的河口文化历史悠久。早在19世纪末，河口便是鸭绿江上重要的水陆码头。当时，由吉林、黑龙江生产的珍贵药材、兽皮、木材等货物，大部分是经河口转运至安东，也就是今天的丹东。与此同时，来自异国的洋货也纷纷流入河口，走入寻常百姓家。作为掌管地方的重要行政机构，当时的宽甸府衙门便坐落于河口，足以说明历史上这座辽东著名商埠的重要性。

　　乘客船从河口沿河航行，两岸晨雾袅袅、群峰竞秀，九道十八弯清幽婉转、韵味无穷。在爱河上游，一片片村落安然宁居，成群的牛羊惬意行走，天边的云朵故作停留。听说上游一些原始的乡村，至今未通公路，唯有穿乡而过的一条铁路，连接着村民与外界的交流。由喧闹的都市重返自然的乡土，那是扑面而至的亲切感，也是久违了的绿色，久违了的淳朴。

　　"暖暖的春风迎面吹，桃花朵朵开……"伴着轻快的音乐，让我们一同迎接爱河最亮丽的时刻。都说烟花三月下扬州，那么到了四月，无数游客为了一睹那传说中的桃源胜景便会重返北方，此时，也正是爱河最热闹的时刻。河水碧波荡漾，万亩桃园披上盛装。平时略显幽静的河面因似锦繁花，瞬间变得格外沸腾。只见那江岸上，大片桃花竞相绽放、灿若云霞，香气袭人，蔚为壮观。

　　在河口，与桃花同样有名的还有燕红桃，因为河口地区是我国著名的燕红桃生产基地。这种由北欧引进的果树品种，因果实汁多味美、个大色鲜而享誉中外。如今这些燕红桃树，不仅在春季为游人提供了一片绚丽的风景，还在秋季带给人们以丰收的喜悦。金秋时节，仙桃压枝，硕果累累，令人垂涎欲滴！

⬆ 水丰水库大坝

湖——水丰湖区　生机无限

在丹东鸭绿江风景名胜区，自然山水片片串联，一江多景，如一巨幅画卷缓缓打开，缤纷呈现。就在那山水相映、绿波浮动之所，一片辽阔的湖面进入我们的视线。只见那湖面浩渺辽阔，群群野鸭相逐嬉戏，甚是欢乐！这里便是国家AAAA级旅游胜地——水丰湖景区。

曾经一座名为拉古哨电站的成功建立，预示着一片迷人风景的孕育与诞生。今天，这个因蓄水而形成的巨大湖泊，总面积415平方千米，有着"辽宁第一大淡水湖"之称，同时，也因地处中朝边境线上而成为两国共拥的风水长廊。

湖光山色、田园风光、异国情调，千娇百媚的水丰湖可谓连接中朝两国的中心景区。这里拥有得天独厚的旅游环境：湾湾见幽深，岛岛出奇景。湖区内秀峰叠翠，花树掩映，怪石嶙峋，草木青青。此时若登上大型游船，凭栏临风，远眺江景，自是一番别样的体验。在这里30多处自然景观与人文景观相互渗透、彼此辉映，宛如颗颗璀璨的珍珠，星罗棋布，大放异彩！

就在那江面博大开阔处，一座雄伟的大坝接连两岸青山，横亘于眼前。想必这个巨型家伙便是那拦水造湖的幕后艺术家了！说得没错，这就是始建于1937年的水丰水库大坝，它长900米，高达46米，如此庞大的身量，足以跻身我国同类水电站中的高坝之列。每当开闸泄洪之际，巨大的水瀑飞流直下，声震方圆数十里，宛如银河从天而降，形成了一道极为壮观的人工瀑布。

🔼 鸭绿江水丰湖景区

偌大的水丰湖，是丹东"水"世界中的点睛之笔；有容乃大，是对这片湖水最好的诠释。因为在这里，你不仅可以看到气势恢宏的瀑水奔腾，还可以一睹诗情画意的绿水青洲。在那有着翡翠般色泽的湖面上，一只只白鹭不甘做配角，或凫水嬉戏、或翱翔起落。这是一片水族家园，更是天然的禽鸟寓所。看惯了层峦叠嶂、古树参天，厌弃了奇石峭岩、大海无边，那就锁定这些湖面的精灵吧。在这秀丽的山水中，它们或以容貌出镜，或以鸣声惊人，总能带给你无尽的欢乐！

既有江南山水的清丽恬淡，亦有北方山水之雄浑壮美，良好的生态环境使水丰湖景区蕴藏着无限生机。除了那些顽皮的禽鸟，紫貂、水獭、丹顶鹤、白天鹅、鸳鸯等稀有珍贵保护类动物也在这里休养生息。当然，以水为荣的景区内还有丰富的水产资源，鸭绿江鲤鱼、大银鱼、池沼公鱼、马口鱼、鳜鱼、罗非鱼等是这里有名的特产。

夜幕悄然低垂，晚霞隐现云边，那啁啾的水鸟和点点渔帆此时变得格外诗意。这便是渔舟唱晚的诗情画意，这便是水丰湖的大美无边……

海——江海交汇　古港迎宾

万江奔腾终入海，江海交汇一水间。作为我国北疆重要的海滨城市，丹东与海有着一段难解的情缘。且不说那海岸绵长、海滨无限之风光，也不说一个个缤纷海岛娉婷立于海中，光是那座历史悠久的海港——大东港便可以足足说上三天三夜。那是一段关于一座港与一片海的故事，也是一座城市不断发展的鸿篇巨制。

在激流奔涌的鸭绿江畔，在波涛滚滚的黄海之滨，一座滨海小城犹如一颗璀璨夺目的江海明珠镶嵌其间，这便是北方唯一的沿江、沿海、沿边的"三沿"城市——东港。东港市属于丹东市管辖，濒临城区的大东港正是我们即将说及的主角。

历经数百年风雨洗礼，位于鸭绿江入海口西岸的大东港风华依旧。这里南濒黄海，属强潮河口。因为有座座岛屿和辽阔滩涂为其掩护，所以海港水深浪小，深水区终年不结冰。港区内陆域广阔、腹地深远，实乃我国海岸最北端的天然不冻良港。

翻阅历史便会发现，大东港自古以来就是军事交通要道。早在清光绪年间，鸭绿江入海口就已是一处繁华的港口码头。那时，黑龙江、吉林一带的大量木材制成木排，自鸭绿江源头漂流而下，集结于大东沟到孤山一带，还有大豆、药材及其他物资也是从此运往山东及东南沿海，甚至远达东南亚。

正是得天独厚的地理位置与自然环境，让这块风水宝地在灰暗的殖民岁月中深陷泥潭。"九一八"事变爆发后，已将东北侵占的日本帝国主义很快将写满欲望的目光投向这片港湾。为了强化其对我国东北地区资源的深入掠夺，从1939年开始建港工程。不过随着1945年日本战败，日伪统治时期的大东港建设才彻底告终。

走过硝烟弥漫的历史，如今的大东港会是怎样的面貌呢？在日新月异的发展中，今天的大东港果然没有让人们失望，它已实现货物年吞吐量7000万吨，拥有6个万吨级泊位，并已成为中国东北部地区重要的出海口和物流集散地。

看过香港《大公报》的细心读者可能知道，在其介绍的中国"天涯、海角"中，"海角"便是指的这里。今天，在雄伟的大东港码头屹立着一块界碑，那便是鸭绿江与黄海分界的标志，向世界庄严地宣布：这里，就是中国的海角！

百转千回"水岸线"，江河湖海一地游。在魅力之城——丹东，"水"已俨然成为这座城市的灵魂。那是鸭绿江水不住的歌，也是汪洋大海难舍的情……

🔵 丹东港

浪漫之都——大连

在我国辽东半岛的最南端，有一座被称为"北方明珠"的城市。这里西濒渤海、东临黄海，深浅不一的海蓝为城市东、西描绘出大海不一样的深邃与斑斓。这里树茂花繁、空气清新、景观众多、文化浓厚，从市民那张张洋溢的笑脸中便可知这座城市的幸福指数。与此同时，它还有一个诗意的命名——"浪漫之都"。言说至此，你知道它是谁了吗？没错，它便是大连！

徜徉在大连的城市街道上，你会感受到一种强烈的海洋气息。暖温带大陆性季风气候有着明显的海洋性特征，温和而湿润，带给这座城市以舒宜的呼吸。若干年前，正是这海洋的无私馈赠，孕育出一片名为"青泥洼"的地方。历经沧海桑田、朝代更迭，小小的洼地日渐有了人烟并不断繁荣，演变成如今这座拥有几百万人口的大城市，并更名为"大连"。

大连市区现划分为中山、西岗、沙河口、甘井子、旅顺和金州6个区。市区南部海滨，长达30余千米的海岸线将沿岸风景一路贯穿：棒棰岛海滨景区、老虎滩海洋公园、付家庄滨海胜地、白云山庄和星海公园等众多自然、人文景观，如同繁星点缀令游人目不暇接。再看那近海海域，无数礁石、大小岛屿横卧碧波，它们千姿百态，妙趣横生。在海与城之间，公路成为衔接二者的热情使者。平坦宽阔的滨海公路为游人提供了便捷的交通，能够送你抵达每一处心向往之的沿岸风景。

大连

★ 星海广场

★ 大连夜景

广场文化　享誉全国

在全国数千座大小城市中，以"广场之多、广场文化之浓"而著称的，恐怕唯有大连。在城市土地越来越昂贵的今天，这里一个又一个占地广阔的广场，向世人诠释着不一样的城市建设之道。在大连，80多个大小广场恰如其分地分布于街头巷尾、滨海大道交汇处或黄金海岸地带。而以绿地、白鸽、雕塑、喷泉等元素铸就的广场文化，更是大连这座滨海城市的独特魅力所在。

在堪称全亚洲最大的城市广场——星海广场，留下了1000人真实脚印的"石路"由北向南伸向大海，并与远方的小型雕塑共同组成了"大连建市百年纪念"的城市塑像。曾经，这

↑ 中山广场周边建筑　　　　　↑ 劳动广场足球雕塑

片位于星海湾的废弃盐场，在大连人民勤劳智慧的双手创造下，一改往日之落魄形象，成为占地176万平方米的亚洲最大城市公用广场。今天的星海广场滨海而居，大气磅礴，当年，奥运圣火在大连传递的起点便位于此，一经出发便牵动了全城人民的心……

在星海广场正中央，一个巨大的汉白玉华表宏伟矗立。它以19.97米的高度和1.997米的直径堪称全国之最。在华表的底座和柱身，9条巨龙盘踞共饰，寓意九州华夏儿女同为龙的传人。广场周边，由汉白玉石柱高高托起的宫灯光华灿烂，灯火喧鸣。背倚都市，面朝大海，每当入夜时分，大型音乐喷泉便会华丽登场，舒适的海风、悠扬的旋律、绚丽的灯光令白天大气堂皇的星海广场多了一份柔美，令人心动，令人陶醉！

如果说广场是大连这座城市的名片，那么风格多样的建筑则是它弥足珍贵的历史存照。在众多广场之中，能够将建筑艺术与广场文化交融渗透得天衣无缝的，非中山广场莫属。这里呈圆形辐射，四周洋房林立、欧味十足。罗马式、哥特式、文艺复兴风格、折中主义等多种建筑风格于四面八方纷纷呈现，宛如一曲动人的交响恢宏大气又跌宕起伏。当地人称这里"十条大街十个巷、十幢建筑十个样"，来到中山广场亲眼目睹，果然是名不虚传！与建筑相映成趣的是广场的白鸽。这些调皮的精灵，无论严寒酷暑总是眷恋于这片风景。它们把行人当做"活动的雕塑"，忽起忽落，甚是欢腾。就在这一片白羽的世界中，不知融入了多少人间欢乐。

早起晨练或是饭后散步，倾听音乐或是另找娱乐，刺激的轮滑掀起了时尚的潮流，扬飞的风筝牵引着孩子的欢闹，动感的广场舞更是跳出了百姓的幸福生活……集广场建筑于一体，熔精神内涵于一炉，这就是大连浓郁的广场文化，也是大连欣欣向荣的城市面貌之所在。

● 大连足球

激情绿茵　足球之城

　　在大连市中心的最大广场——劳动广场中，一个红白相间的巨型足球雕塑，在碧绿的草坪中显得格外夺目，这里不仅是大连建筑艺术馆的所在地，也是足球这项古老体育项目之于这整座城市的象征。

　　百年足球、百年大连。领略大连激情四射的足球风采，感受大连球迷火热的足球情怀，是这座"足球之城"为你展现的又一神奇魅力。作为代表中国参加亚冠联赛的四强之一、中国足球顶级联赛传统四大豪门之一，大连足球在永载史册的篇章中写下了辉煌的一笔。那是中国足球历史上绝无仅有的连续两个"三连冠"，那是无人突破的8次冠军、连续55场不败的骄人战绩，那是郝海东、李明、孙继海等耳熟能详的名字，那是英勇善战的蓝色大军一次又一次席卷绿茵球场的激越与沸腾……

　　在大连的每一处报亭，卖得最好的报纸总与足球相关。的确，这里上至七旬老人，下至顽皮孩童，没有人不对足球有着一种特殊的情怀。清凉的夏日，两块石头一张网，简易的球门由此搭建，于是，一场"足球大战"便打响了。那激烈程度丝毫不在职业联赛之下，人们挥汗如雨、兴高采烈。球场上，呼喊声、喝彩声，欢笑声，声声入耳；兄弟情、隔辈情、足球情，情情真切。

　　都说"南有梅县足球之乡、北有大连足球之城"。在大连，人们不仅爱谈球、爱踢球，他们还将对足球的热爱转移到对自己球队的追捧与支持当中。每个周末的傍晚，不到6点，能够承载6万人的大连人民体育场内便座无虚席。随着哨音一响，又一个激情四射的足球之夜便开始啦！偌大的体育场，人们手舞足蹈、昂首欢呼，热情洋溢中的不仅是无数球迷的狂欢，也是这整座城市凝聚一心的信守。

　　激情绿茵联结足球之城。在这里，足球不仅是生活中的一部分，它已俨然升华为一种力量凝聚民心，并带给大连人民以强身健体、积极向上的正能量！

浪漫之都　风采无限

　　来到大连，青山、碧海、蓝天、绿茵会让你发现这里不仅是一座美丽的滨海城市，更是一座迷人的浪漫都市。风格迥异的欧式建筑与中国传统建筑相得益彰，时尚元素与历史人文更是融入每一处风景，讲述着不同的故事。

　　在大连，有这样一支骑兵队伍享誉全国。整齐的队伍由平日训练有素、英姿飒爽的女警组成，她们驾驭着高大骏马，缓缓而行，女性的柔美与骑兵的干练完美地融于一身，显得格外靓丽夺目。每当马队由广场巡逻穿行，人们的视线也不禁随之流走。那渐行渐远的背影，宛如朵朵瑰丽的奇葩绽放出大连这座浪漫之都的别致风采！

🔻 女骑警

↑ 大连国际服装节开幕式

↑ 有轨电车

↑ 槐花
↓ 老虎滩

与女骑兵的刚柔相济不同，在大连街道，穿着时尚的女孩总会不经意闯入视线，让人不禁感慨："果然是吃在广州，玩在上海，穿在大连。"大连姑娘向来以好穿、敢穿闻名全国，而与之一同出名的，还有一年一届隆重举行的国际服装节。容纳五洲风采，重振汉唐服装，20世纪70年代末至今，作为一座新兴的服装城，大连可谓是与时俱进、敢为人先。每年9月，一个集经贸、文化、旅游于一体的盛大服装盛会便在这里隆重上演，至今已成功举办23届。这是一个展示我国服装艺术的舞台，更是与国际服装界交流学习的平台，"生活服装舞台化、舞台服装生活化"的文化内涵在此得以传播，弘扬中国真、善、美的传统服饰文化更是在蓝色双眸中大放异彩！

说到浪漫，在素有"东方槐城"之美誉的大连，每逢5月下旬，和煦的春风将槐花香气溢满大街小巷，一年一度的赏槐会的序曲也便由此奏响。随着那人潮涌动的方向，去寻觅团团簇拥的槐花吧，它们洁白美丽如天使的化身，尚未长大的绿叶点缀其间，甚是好看！那扑面而来的香气，宛如流动的乐章，伴你一路远行；还有各种具有民族特色的表演活动，令游人目不暇接，赢得掌声片片。

极地乐园　滨海呈现

感受了浪漫之都的人文气息，让我们回归自然，重返黄海之滨。作为一座活力四射的滨海城市，大连自然少不了海洋元素。你看那几只石虎匍匐向前，似乎被瞬间冻结在辽阔的海边。这是大连的城市标志之一，也是著名的国家级风景名胜区——大连老虎滩海洋公园。

老虎滩位于大连南部海滨的中部地段，4000多米的海岸线曲折蜿蜒，在这美丽的海与城之间一笔带过，似轻描淡写却又华丽依然。这里有蓝天碧海、异

↑ 海洋公园

石青山，还有一座海洋公园闻名中外，集结海洋生物大军与你一同狂欢。

在这里，海底的神秘世界被搬至海边，令人赞叹不已。珊瑚馆，汇聚了难得一见的各种珊瑚礁生物群，在声、光、影像多种高新技术的打造下，一个绚丽逼真的海底珊瑚世界被完美还原，堪称"亚洲之最"；极地馆，将南、北两极的大千世界集中呈现，白鲸、北极熊、北极狼、帝企鹅、潜水鸟等——亮相，或机智灵敏，或憨态可掬，惹人爱怜；还有全国最大的半自然状态人工鸟笼——鸟语林、全国最大花岗岩动物石雕——群虎雕塑、全国最长跨海空中索道等，不一而足。踏上传说中的海盗船，感受一回海中摇摆、失重起伏的惊险与刺激，更是不枉此行的新一轮挑战！

同样的黄海之滨，不同的度假体验，感受广场文化，分享足球乐趣，编织浪漫之美，体验海洋之情，这一切的一切，唯有你亲身而至方可深切感受。即刻启程，相约大连，这是一座城市的热情召唤，也是我们与海洋的约定……

"黄海明珠"——烟台

烟台，是胶济线最东端连接的终点驿站，这里有山东省最大的渔港，是我国最早对外开放的港口之一。海之浪漫，果之鲜美，勾勒出我们对这座城市的美好想象。那是碧海金沙中传来的海的呼唤，那是霓灯聚焦下相偎相依的身影，那是一段又一段动人的传说，那是一处又一处迷人的风景。面朝大海、春暖花开，在这座被誉为"黄海明珠"的滨海城市中，相信总有一处风景会撼动你的心。嗅着海风，踏着海浪，让我们扬帆启程吧……

烟台，位于山东半岛中部，东经121°16′、北纬37°24′正是其地理方位。这里有幸拥揽黄、渤两片海域，东连威海，西接潍坊，西南则与青岛毗邻。城与城呼应，岸与岸相连，全长909.12千米的海岸线曲折蜿蜒，使60万公顷可开发的浅海滩涂初露端倪。从高空俯瞰，烟台的所在地刚好隔黄海与辽东半岛对峙，并与大连市隔海相望，于是，形成了两大海上门户共同拱卫首都北京的独特态势。

其实早在1万年以前，这片土地上便有了人类的身影。后来，因为一座形似巨大灵芝的山头，也就是我们常说的芝罘山而得名，烟台的别名"芝罘"便出现了。秦始皇东巡登临芝罘岛，虽然那"长生不老之药"终化泡影，但一位帝王的驾临多少带给了这片土地以历史人文之

⬇ 烟台

亮色。历史的车轮依旧继续滚动。翻阅《福山县志》，我们终于找到了烟台之所以得名的那段往昔。明洪武三十一年（1398），为了抵御倭寇的频繁入侵，朝廷在我国沿海一带不仅设置了威海、宁津、靖海和成山四卫，还下设若干所以屯驻守兵，烟台就是其中的"奇山所"。当时，在烟台临海的北山上修筑有一墩台，称为"狼烟墩台"，有警"昼则生烟，夜则举火，以资戒备"，于是，这座山就被人们称为烟台山，而这座城市也因此得名，改称"烟台"。

从城市地貌上看，这是一座以低山丘陵为主的城市，山丘起伏和缓、沟壑纵横交错。然而，作为一座重要的海滨城市，烟台的无限魅力更源于那滨海地带的平原区和漂浮海中的大小岛屿。丰富的旅游资源依海而生、山海交融，既有历史的点滴浇灌，也有自然的无私奉献。独具魅力的海滨广场，片片相连，夜夜炫彩，在人们独具匠心的设计下华丽登场，演绎着一座城市的热闹繁华……

城市航标　滨海依山

在烟台市的东北端，碧蓝色的大海三面环抱着一块翠色区域，一座白色灯塔高高耸立其中，显得格外夺目，那里便是烟台著名的风景名胜区——烟台山公园。

一座小山影响着一座城的命名，这在全国也算作屈指可数。作为烟台市的标志性景区，烟台山已有600多年的沧桑历史，它是这座城市的发祥地，是这座城市的重要象征，同时也是这片风景中的绝对主角。海拔42.5米，面积45公顷，在不算辽阔的地域内，烟台山集塔、亭、石、林、楼于一身，尽显一座小山的无穷魅力。

从山脚启程，将一路风景一一记下或许有些难度，可是美的所在向来不会为人忽略。那山脚下，一座座玲珑精致的古老建筑仿佛让我们置身于异国他乡。风格各异的欧式小楼，一步一景，令人顿生想要拥有的冲动。1861年烟台开埠后，这里便逐年吸引着殖民国家前来"交流"，先后有16个国家在此设立领事馆。于是，英国殖民地"外廊式"建筑、古典式、

🔺 烟台山建筑

🔺 烟台山建筑

中西合璧式、英国早期公寓式建筑等等，从一座到一片，落户烟台山，散发着浓郁的异域气息。这些保存完好的建筑群落让我们百感交集。它们既是近代建筑之宝库，成为研究中国近代建筑史、中西文化交流史等命题的主要实物资料而弥足珍贵，同时又是我国半封建半殖民地社会的历史缩影与见证。如今，这些风采依旧的小楼乖顺地依偎在烟台山的怀抱中，已成为这座城市历史文化的重要载体。

穿越葱郁的林木，感受着烟台山的清秀与优雅，忽近忽远的海浪声不断挑动着人们安逸的情致，那是在茫茫大海中找寻坐标的焦急心情，直到一座灯塔的出现。

这是一座超乎你想象的现代灯塔，它集导航、旅游和海上交通指挥于一体，既实用又不失美观大方。1988年4月，这座灯塔由清华大学设计完成，并在第一时间登陆烟台山。它的塔身高49.25米、海拔89.2米，古堡式的建筑内分有13层；乘坐电梯可直升第11层来到瞭望台，在小小的瞭望孔中一望无尽的大海被尽收眼底。灯塔上的聚光灯看似温柔，但它的"洞察力"却不可小觑，透出的千道强烈光束射程可达40千米！而它也因此赢得了"黄海夜明珠"之美誉。

看过烟台山灯塔，我们继续沿路前行。一路冬青树葱郁蔽日，唯有那愈来愈近的海浪声牵引着步伐，向那路的尽头走去。不一会儿，一座小亭跃然出水，让人顿感"柳暗花明"，它便是这山中的著名景点——惹浪亭。

顾名思义，这是一座招惹浪花的望海凉亭。飞檐向天，翘立崖边，精巧别致的亭身，可谓融汇了古今亭台之精华。若从海上远远望去，惹浪亭时而像游弋于水中的画舫，时而又如烟雾缥缈中之楼

⬆ 烟台山灯塔

⬇ 惹浪亭

阁，让人捉摸不透、拿捏不准。或许这就是这座小亭的魔咒，现在想来，用"惹"字为之命名实在是再恰当不过了。登亭观海，享受海天一色的无限美好，波平如镜时聆听海之低语，风疾浪涌时体验海之狂欢！

缤纷海岛　彼岸之欢

在烟台市北部的辽阔海面上，横亘着一座赫赫有名的岛屿。从平面上看，它好似一把伸入黄海的巨型雨伞，再一看，又像是一株灵芝仙草生长于万顷碧波之中，它便是秦始皇曾经三次登临的芝罘岛。这里是世界上最为典型也是我国最大的陆连岛。它南北宽1.5千米，东西长9.2千米，主峰海拔294.1米，北岸高达70米的悬崖峭壁令人不敢靠近却又想探个究竟。

芝罘山的美，在于那无处不在的景致。这其中，老爷山以其挺拔的身姿首先入镜，引起了游人的关注。这是整座岛屿的主峰，因形如关公读书状而得名"老爷山"。山上杂草丛生，野花烂漫，古树通幽径，雀飞冲云端。若是清晨，站在山顶望向最东端，初见大海苍茫一片，续看一条红线若隐若现，再看红黄交织赭点染，顿时绚丽无边。此时，一轮红日从水中呼之欲出，一跃出海平面再冉冉升起，光彩绚烂，恐非"壮观"二字即可形容。此情此景，便是著名的"芝罘日出"了！

⬇ 芝罘岛

⬆ 婆婆石   ⬆ 阳主庙

　　日出胜景并非每人都能有幸观之，但芝罘山总有一处风景能带给你意外的惊喜。翻山越岭遥望那山后边，汹涌澎湃的浪涛中，一块形似老婆婆的怪石盘坐那里甚是有趣，人称"婆婆石"。在它不远处，一块礁石矗立于海面与之相对，酷似一个渔翁，人们成人之美，遂称其"公公石"。不过，月有阴晴圆缺，人有悲欢离合，这对老人在岁月的浪涛中不知还能相伴多久。日日翻腾的海浪和不明方向的海风，在此就如销蚀生命的魔鬼，将老人的硬朗之躯点滴消磨……

　　岁月如歌，起伏跌宕正是生命的本色，然而信仰的力量却不同，它会穿越时空，具有不朽之神奇。在芝罘岛的阳面山坡上，有一座历史悠久的庙宇，人称"阳主庙"。这里面凝聚了当地人千百年来共同的信仰，供奉的主神"阳主"乃齐国祭祀的"八神将"之一。

　　阳主庙是我国有史记载的最古老的庙宇之一，大约建于春秋时期，后经多次修缮，规模不断扩大。院内古树参天、藤萝环绕，在注入岁月痕迹的同时，也为庄严肃穆的庙宇氛围添注了不少亮色。大殿正中威严而坐的便是传说中的阳主，只见他身着绛色龙衣、手持玉笔、面色凝重。望文生义的你或许以为他是太阳的象征，可事实上阳主管辖的范围相当丰富，民间的水、旱、瘟疫等都由他来一手操办，难怪其信民如此之多。据说在过去，每逢庙会，善男信女便涌入庙会，供奉礼拜，很是虔诚。大旱之年，男女老幼更是头顶柳帽来此祈祷，以求甘露天降，拯救一方生灵。

　　"一棵灵芝草，碧波水中摇，沧海桑田混沌开，梦幻芝罘岛……"正如歌中所唱，芝罘岛的美来自于遥远之梦幻，只是你或许不知，这遥远可推至春秋战国时期。那时的芝罘岛尚称为"转附"，与碣石、句章、狼牙和会稽入列"五大港口"；汉晋年间，芝罘一跃成为我国北方的最大口岸；唐朝以来，芝罘一直属于我国重要的海口；而在烟台开埠之后，这里与海外的往来更是空前的频繁。难怪有些外国人至今一听"烟台"一脸茫然，改提"芝罘"却又频频点头！

滨海广场　魅力无边

从芝罘岛重返市区，这不长的距离中却满是心潮澎湃，那是重返陆地的归依感，也是寻找魅力海滨的动力使然。烟台山的附近海滨地带，有一片广场绵延数百米，那里喷泉涌注、音乐空旋、雕塑林立、灯火璀璨，是这座城市最美的夜景所在。

来到滨海广场，远处的烟台山灯塔依然蔚然耸立在山头，可我们的目光却未做太多停留，因为这眼前的鲜花美得实在娇艳！一眼望去，视线之内几乎每隔两三米便有一座方形花坛，鲜艳的花朵是这广场最美的使者，迎接着八方来客。靠近海边处，敦实的石柱彼此由铁链相连，在广场与大海之间忠实地驻守。沿岸行走，一边是碧蓝的海水，一边则是高楼林立的都市风貌，偶然回头才发现：不知不觉已经走出那么远……

烟台滨海广场是一组广场集合，不仅印证了烟台滨海地带的发展痕迹，也是整座城市的象征。广场在分区上共分三个部分，各分区又有着不同的风格与效果，通过主题光色变化的方式实现空间上的分区，是这广场设计的独特之处。暖黄色；暖白为主，偶有绿色；冷白为主，兼有彩色分别代表着人文历史、自然休闲、现代热烈三大主题。

夜幕降临，华灯初上，炫彩的滨海广场迎来了最动人的时刻。此时，无论浪花多么喧闹、大海多么妖娆，都无法将人们的视线从这片广场中转离。明暗对比、冷暖对比、动静对比等照明艺术，或许对百姓来说还算陌生，但设计师们将这些技法不露痕迹地运用到广场塑造之中，却绽放出意想不到的光芒，带给人们以空前的视觉享受。正因如此，这里每一天都吸引着无数游人和市民前来共度良宵、共赏美景。他们在音乐中陶醉身心，在海风中酝酿柔情，在建筑中缅怀过往，在大海中寻找未来……

滨海广场

宜居之城——威海

在我国胶东半岛的东端，有一座幸福小城滨海而居，吸引着人们的视线，它便是威海。这里有着碧海蓝天、绿树成荫的城市风貌，也有着广为人知、深沉厚重的历史烙印。山海相依，港城相连，拂去那黯淡已久的历史浮尘，如今它已华丽转身，一跃成为“全国最适合人类居住的城市”之一。这惊人的改变，就连那身旁的大海都为之惊叹！那是仿佛一夜之间拔地而起的幢幢高楼，那是逐渐填充大街小巷的点点翠绿，洁净的街道配以清新的海风，让整座城市容光焕发、清雅怡人，令人神往。

一城之中，既有平坦开阔的滨海公路，也有婉转起伏的街巷小路，刚柔相济，各具风情，这便是我们对这座滨海小城的惊鸿一瞥。这里北、东、南三面环海，全长985.9千米的海岸线堪称“全国城市海岸线之最”，并以神来之笔将30多处大小港湾和20多个岬角临摹得有模有样。此岸繁华绽放，彼岸万家灯火，跨域辽阔的黄海海域，辽东半岛于北方相对，朝鲜半岛与日本列岛于东边遥望。

由于地处中纬度地区，威海市有着典型的北温带季风型大陆性气候，季风进退攻守，四季变幻纷呈。与此同时，大海的调节作用也如“上帝之手”悄悄影响着这座城市的性情。春冷，夏凉，秋暖，冬温，与内陆城市相比，这座滨海小城总是有些与众不同。不过，另类中自有几分顺从，只要你爱上这座城、跟上它的节奏，它一定会呈现给你最美的模样。

威海大相框雕塑

威海夜景

九龙湾
海上公园

幢幢高楼、座座公园默契地相约于海边，既能彼此交融，又可独立成景。在大海碧蓝的背景下，威海市区滨海一线可谓美景不断。这里有绵延数千里的滨海堤岸，由它串联起的风景意象可谓"好戏连连"。清湖与海水隔望，渔港与船儿对歌；灯塔俯瞰"草屋"，雕塑仰视苍穹。原来，这威海的美不仅在于那些赫赫有名的风景名胜区，简单的意象、脱俗的组合也能成就一片美的所在。此情此景，不禁让人感叹：好一片迷人的景致，好一首城市的赞歌！

九龙湾畔　湖海相伴

一来到这座迷人的滨海小城，人们总是要奔向大海，看看同样的蔚蓝在这座城市会有怎样的不同。从长途汽车站步行至海边，大概要穿越几条街道，然而这漫长的距离会在你一路惊叹中神奇地缩短。干净的城市街道被花朵热情点缀，别致的路灯亦有艺术的雕琢，偶尔经过的三两车辆也未影响公路上的安静，使这座小城显得宁然有序。随处可见的绿色植被如同这城市的经脉，遍布大街小巷，有的如同放大的盆景被用心安放在街口，有的则任其自由生长为参天大树，为居民提供一片喝茶下棋的绿荫。一路仰望，在云朵的映衬下，天空是那么蓝；一路行走，在海风的指引下，大海又是那么近……

在一片高级住宅区的对面，一座美丽的公园于海滨悠然呈现，与大海唯有一座堤岸相隔，那里便是威海市著名的海上公园了。

海上公园景如其名，一汪碧蓝中湖海相映，人景相融。这里位于威海市经济技术开发区皇冠小区东侧，北与悦海公园相接，东与黄海相连。公园内碧海蓝天，绿树红花，鸥鸟翔飞，碧波翻涌。在这片土地上，人们将乐园、人工湖、奇石园、森林生态园、海水浴场和九龙湖六大景区融入这瑰丽的滨海地带，带给人们以无尽的视觉享受，完善的绿化更是让"绿色环保"理念渗透着城市的每一个角落。

这片海区其实是一个海湾，人们称之为"九龙湾"。过去小小的海湾中鸥鸟纷飞、渔船穿行，如今这些虽不是无迹可寻，但也早已被新时代的风景所覆盖。海上公园里还有两处风景不容错过：一处是九龙湖，另一处则是九龙桥。

走遍威海的山山水水，你会发现这是一座缺少湖泊的城市。瞭望那一片海洋，没有湖影的都市多少有些遗憾。不过今天在海上公园里，一潭九龙湖填补了人们内心的缺憾。这是一片学名为"潟湖"的水域，它的前身是一片荒落的海滩，惊奇的是一番整治后竟能出落得如此端庄怡人。一条堤坝令湖水与大海隔开，只留一个小小的潟口，与海水同呼吸。湖面上，"罗锅"小桥躬身浮现，引人入亭。此处假山林立，曲径通幽，玲草丛生，长廊接连。水面波平如镜时，九龙湖就像一块深蓝的绸缎，连接着碧蓝的海水，再配以金黄的沙滩，徜徉其中，令人不觉时间已流走！

在海上公园接连大海处，一座多孔长桥犹如长虹横卧，那便是九龙桥的瑰丽身影。走近欣赏，只见桥的一侧水流浅澈、渔船停驻；而另一侧，海水则明显加深，几处弯形连坝横亘于海中，吸引了三两打鱼者前来一试手气。他们身着橡胶背带裤，肩扛厚重的渔网来到石坝，待到一切就绪后，最难得一见的"渔民撒网"瞬间绽放。只见那大网一挥，瞬间跌落入海，散飞开来的晶莹水珠犹如颗颗珍珠，在阳光下折射出最绚丽的光彩。

小小渔港　大大收获

坐落于大海之滨，每天都有无尽的海景融入生活的画面，这将是怎样的奢华享受！拥有这样的生活自是幸福之致，可听说拥揽海景还不是这里居民的最大享受，因为就在不远处，有一座小渔港，每当船只回航，那满载的海鲜便会汇聚于此，一经上岸便被迅速运往各大海鲜市场。附近的居民可谓"近水楼台先得月"，每天总有最便宜、最新鲜的海货让其大饱口福！

渔港码头

越过海滨的拐角，眼前的景象令人叹为观止。只见那辽阔的海面上，数只渔船向海边驶来，那船队浩浩荡荡，轰鸣的马达声昭示着又一天的收获。平静的海面顿时被拨弄出阵阵波纹，呈人字形尾随着小船向我们逼近。

原来在这里，有一座人工围筑的渔港，一座拱桥、一条石堤和海滨岸坝刚好围成一块封闭的区域，唯有那桥下的最大拱圆留有一出口，供船只出入。此时，正是众船满载而归的时刻，只见一艘艘小船由桥下鱼贯而入，扇贝、鱼虾、牡蛎等满载于船中，压得小船有一半船身浸入海中，那晃晃悠悠的模样真是令人几多欢喜几多忧，生怕单薄的船身扛不住这"愉悦的负重"。这是辛勤劳动的结晶，也是海洋酝酿的硕果。那上吨的牡蛎由结实的渔网承载，再由日久不见的大吊车提拉上岸，这一系列操作，看得人们目不暇接又惊喜不断，这不仅是这座城市的幸福一角，也是游人的意外收获……

悦海公园　城市意象

渔港的热闹景象仍在继续，不远处的一座"另类茅屋"又吸引了人们的视线。它有着古朴的草顶，却又有欧式的外貌。它依海而居、玲珑别致，在城市滨海可谓别出心裁的亮丽一景。

⬆ 海草屋

镜头中这些可爱的小屋，当地人称之为"海草屋"。相比威海其他地区的原始海草屋，这些别墅型草屋建筑融入了现代气息与欧式风味，更为美观、更为舒适。

取其精髓，去其糟粕，集民俗文化于屋顶，引欧式风采于一身，别样的海草屋吸引了无数照相机频频闪光。据说，海草屋是由沿海地区生长的一种海带草搭建屋顶而得名。那时，细长翠绿的鲜草被海潮团团涌上滩头，晒干后缕缕柔韧，变为紫褐色，沿海居民就取它们用以苫房。随着厚厚的海草一层一层覆盖，屋顶逐渐呈现出两侧坡陡、屋脊浑圆的造型，看上去别有情致。这样的海草屋看似简陋，其实住起来冬暖夏凉，非一般草屋可以比拟。作为威海重要的城市意象，如今的海草屋已化身为一种符号的象征，它们镶嵌于海滨片片绿坪之中，是凝固的艺术，也是城市文化的重要载体。

其实，来到海草屋的集聚区，你便走入威海滨海沿线的又一著名公园——悦海公园。相比之下，这里的景致更加开阔，园林设计更为诗意。年迈夫妇相互搀行，来此散步；年轻情侣在此相偎相依。面朝大海,时而有风筝掠过头顶,时而有鸥鸟相伴飞翔。沿着海滨步行路前行,身边的大海碧蓝得充满柔情,而另一侧的花园小草正在接受喷水的哺育,安静成长,悄然成型。在这座城市,不经意间,你总能看到人与自然的和谐共生,总会为人们那幸福的神情深感羡慕。你瞧,那坐在岸边悠然垂钓的身影不就是典型的生活写照吗?几把鱼竿岸边设,一张小凳身下坐,不求满载归家去,但求休闲身心乐。

在悦海公园,无论你是在石路园林中穿行,还是靠海随心通行,那蓝绿相间处总能感受到美的所在。两条路径风情各异,交汇之处则现灯塔魅影。那是夺人眼目的通体洁白,那是高耸入云端的庞然大物,那是茫茫大海中赫然树立的航标,那是魅力海城的又一代表意象……

悦海灯塔的美是难以一言以蔽之的。这里位于一片广场地带,四周望去,绿植丰盈,花团锦簇,空阔的广场与高大的灯塔正好相配,大气而庄重。靠近大海、与广场尽头交汇处,正是灯塔日夜守望的地方。在灯塔脚下,几座精致的海草屋围绕其身旁,令灯塔美景有了更为动人的点缀。无论你多么高大魁梧,来到这灯塔脚下便如沧海一粟渺小万分。要想把自己的身影与灯塔来张全景拍摄,那可要好好裁量一番。当然,在专业摄影师的镜头里,任何效果自是不费吹灰之力。你看那沉浸在幸福中的一对新人,满面红光,搭摆身姿,正要酝酿一次最绚烂的笑容。此时此刻,天蓝蓝,海清清,白塔亦准备好最美的瞬间留给这对新人以无懈可击的神情……

悦海灯塔

领略了悦海公园的无限风光，威海海滨之旅其实才刚刚进行了一半，那里还汇聚有城市最美的雕塑群、最瑰丽的海上日出、高大的幸福门，还可远观那大海之中赫赫有名的刘公岛。不过，这些都不够，若没有一个像样的海湾，万万不足以形容这座滨海之城的动人之处。让我们突破现有的旅行轨迹，赶到那半月湾，去一睹威海另一面的风情。

↑ 悦海公园

相约半月湾　瞭望中国海

在威海市区北部合庆一带，有一片天然形成的半圆形沙滩，恰如一弯新月连接海陆，人们称它为"半月湾"。这里靠近合庆村，曾是一个小小的渔港。每逢鱼汛时节，这里便汇集众多渔船，海产交易在一番讨价还价中如愿完成，安静的小港在一阵沸腾中重归往日的安宁。

↑ 半月湾

数十年前，威海市民常常骑自行车跋山涉水来到此处，买上鲜活的海虾兴高采烈地回到家中，晒成海米，馈赠亲友。这两点一线的长途跋涉，因为这片海滩而变得快乐无穷。几年前，这里还是原始状态。而如今，经过政府的精心打造以及城市居民的用心呵护，半月湾大有旧貌换新颜之感，海滩洁净无比、海水清透见底，别墅依湾而建，大有欧式滨海之貌。

由于远离市中心的繁华地带，这里游人尚未聚集成群。或许正是这几分清净怡然的氛围，让半月湾美得更加脱俗、更加醉人。波光粼粼的海面上，闪烁着动人的波浪，远处青山如黛，高处碧空流云，无形中拉近了人与自然的距离。

虽没有成片的温柔细沙，但澄澈的海水已呈现给世人它最纯粹的底色，那一颗颗细碎的砾石清晰地躺在海波中，正在大海温柔的触摸下变得温顺而柔软……

帆船之都——青岛

当我们的目光沿着中国版图东海岸巡视，便会发现山东半岛犹如一只振翅欲飞的惊鸿直冲大海。就在这半岛的南岸，依山傍海处坐落着一座美丽的城市，它便是青岛。中西合璧之城、山盟海誓之地，一艘艘帆船点燃了航海的梦想，一杯杯啤酒碰撞出盛夏的豪情。因海而生，拥湾跨越，迷人的青岛借助朵朵浪花向你发出此岸的盛情相邀，期待你彼岸的回声……

走进青岛，你便走进了"东方瑞士"、"海上花园"。这里濒临辽阔的黄海，东北与烟台毗邻，西南与日照接壤，向西则与"风筝之乡"潍坊市牵引一线。这是一片阳光充裕的海岸，北面广阔而富饶的陆地，渐次削弱了冬季北下的寒风；南面紧依的碧蓝大海，迎面沐浴着夏日南来的海风；风平浪静的胶州湾和缓地伸入岛城的怀抱，形成了不可多得的优良港湾。

站在时代的制高点，回首那段早已昏黄的过往，你便会发现那属于青岛的奇迹。100多年前，这里还只是即墨辖属的一个普通渔村，那时"青岛"的知名度远远不及即墨、胶州、胶南、平度、莱西这些有着悠久历史文明的地区。而在19世纪末，一切有了惊人的转变。随着清政府在青岛设防、建置，德国殖民者接踵而至。正是在这些洋人的规划设计中，青岛的雏形逐渐由抽象的想象付诸于城市建设的行动之中。于是，一座座西式建筑遍布于青山碧海之间，呈现出绚丽的欧陆色彩。后来的几十年中城市的总体样貌一直保留下来，并日渐完美地融入了中国传统建筑艺术之风，可谓中西合璧、相得益彰。

青岛

或许正是这种中西兼备的独有色调，加之得天独厚的自然风光，让这座滨海港城从此不再孤单。20世纪上半叶，这里吸引了众多国内外政要、知名商贾和有识之士，还有那追求浪漫情怀的文人雅士到此居住，为这魅力之城留下了耐人寻味的篇章。这其中，有人迷恋青岛的冬："能在青岛住过一冬的，就有修仙的资格"（老舍）。也有盛赞青岛的夏："夏季的青岛，一刻千金"（臧克家）。的确，这里依山傍海，气候宜人。正如梁实秋先生在《忆青岛》中所书写的："青岛的天气属于大陆气候，但是有海湾的潮流调剂，四季的变化相当温和，称得上是'春有百花秋有月，夏有凉风冬有雪'的好地方……"

领略魅力岛城的万种风情，体验帆船之都的海洋文化，让我们走进青岛的城区街巷，去感受那里的自然之美，体味那里的人文之情。

两片城区　两种风尚

红瓦，绿树，碧海，蓝天，四种风景意象共同入画，和谐地绘制出青岛老城区的经典样貌。无论是风雅别致的飞檐楼阁，还是如至西欧的城堡教堂，在跨越百年后的今天你在这里均可欣赏得到。

如果说建筑是一座城市的灵魂，那么条条蜿蜒起伏的道路便如这老城的经脉，无限蔓延至城市的每个角落。那里或连接绿荫，或通向大海，起起伏伏，一波三折。打开一扇精致的铁门，紧接数级石阶，那石阶最高处，或许就是一座上百年的小楼。颇有韵味的老石板路，在风雨的洗礼下倒是多了几分古色，只是那连接着的楼口已不再是早年人家……

说起青岛老城区的路，最负盛名、最具特色的还要属"八大关"。在这里，10条大路纵横交错，陶醉于赏景的你或许不知不觉便迷了路。有人说，在这里可以看花辨向、闻香识

⬇ 八大关绿荫　　　　⬇ 石板路　　　　　　　⬇ 花石楼

路。的确，韶关路的碧桃，歌颂初春；正阳关路的紫薇，涂鸦盛夏；嘉峪关路的五角枫，染红了金秋；临淮关路的龙柏，苍翠融贯四季。

在那花木掩映中，300多座现代建筑点缀其间。高塔与斜顶，传递着丹麦人的童话情怀；粗朴的砖石，透露出德国人的凝重；花石楼如一顶皇冠，兼有希腊和罗马之风；还有基督教堂的钟楼、信号山上的三朵"红蘑菇"，众多风格的欧式建筑汇聚一堂，宛如一场盛大的"万国建筑博览会"。当然，在青岛老城区，这些富丽堂皇的西方建筑并非绝对的主角，在这里我国的传统建筑亦有绝代芳华：湛山寺的七级佛塔、天后宫的雕梁画栋、鲁迅公园的画檐、小鱼山之飞阁……每一处都有不同的景致，每一角都凝聚着岁月的流金。

风韵犹存的青岛老城区，以其深厚的历史基底，谱写出一曲动人的歌。而跨越至城市东部，一座座高楼大厦拔地而起，一条条柏油马路通达四方，在这里，青岛新城区的时代气息如滚滚浪潮扑面而来，开放、多元、时尚，呈现出一个国际化都市应有的风貌。

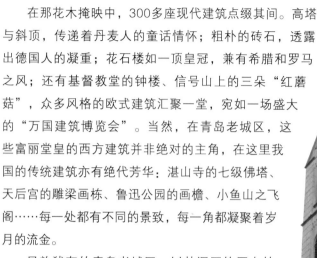

➡ 圣弥厄尔大教堂

⊙ 新城区

　　香港路和东海路是青岛东部最繁华地段的主要街道。前者串联青岛市政府、五四广场、世贸中心、国际金融中心以及主要商业大厦，可谓霓灯璀璨、商贾云集；后者则沿海滨一路蜿蜒前行，时而将一望无边的大海尽收眼底，时而为洁净的街道赞不绝口。用心的绿化呵护着每一根不起眼的小草，亭亭而立的玉兰与簇簇相拥的迎春，为将至的春天蓄势待发。

　　在五四广场，"五月的风"于夜幕中飘然起舞，在灯光的映照下红得令人心醉。奥帆基地在夜色中也不愿孤芳自赏，吸引着众多游人前来共赏佳景。商场中，人流如织，你来我往，人们交换的不仅是货币与商品，更有温馨的笑容和幸福的心声。走过浮山湾，到麦岛海滨享受都市中的慢生活。到那绵长的木栈道上，走出"咚咚"的欢愉；到那林立的礁石间，找寻"砰砰"的心跳。夕阳西下，一路向东，一座座雕塑，风姿无限；一片片海滩，海陆相连。就在那海的尽头，一位化身成石的老者矗立于海中，等待着你靠近的步伐……

青岛国际海洋节

青岛国际海洋节创始于1999年，是我国唯一以"海洋"为主题的节日，是促进全球海洋科技、滨海旅游、海洋文化、水上运动等领域沟通合作的重要平台。通常由国家海洋局、国家旅游局和青岛市人民政府等部分和机构联合主办、倾心打造，由此可见其重要意义。

每年夏季举办的这个盛会可谓热闹非凡。围绕"邀世界共享蓝色盛宴"这一海洋节的传统主题，各种活动缤纷呈现，让游人大饱眼福。同时，节日还突出"蓝色缤纷季、欢乐海洋节"这一特色主题，诚邀海内外宾客共赴蓝色盛宴。

⬆ 帆船

⬆ 五月的风

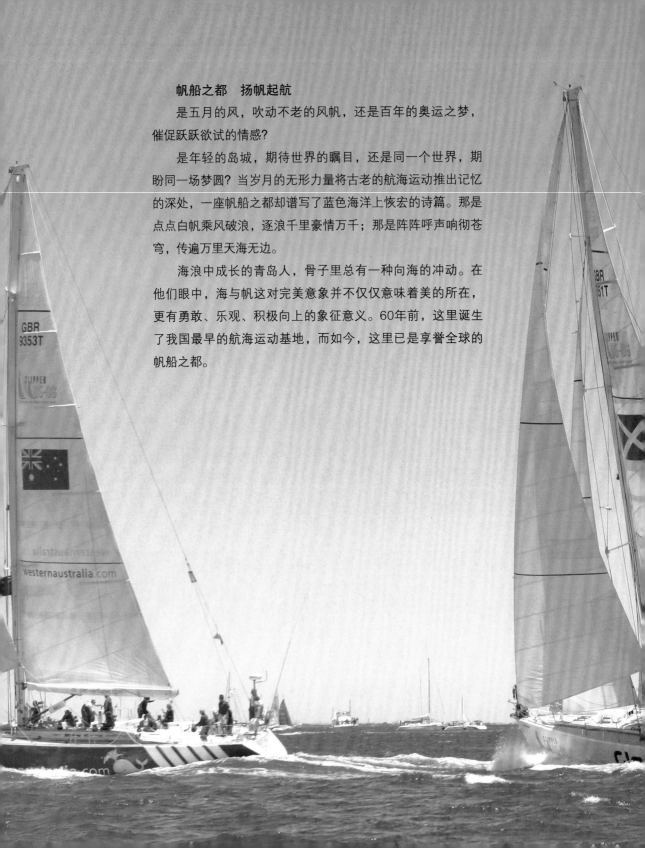

帆船之都　扬帆起航

是五月的风，吹动不老的风帆，还是百年的奥运之梦，催促跃跃欲试的情感？

是年轻的岛城，期待世界的瞩目，还是同一个世界，期盼同一场梦圆？当岁月的无形力量将古老的航海运动推出记忆的深处，一座帆船之都却谱写了蓝色海洋上恢宏的诗篇。那是点点白帆乘风破浪，逐浪千里豪情万千；那是阵阵呼声响彻苍穹，传遍万里天海无边。

海浪中成长的青岛人，骨子里总有一种向海的冲动。在他们眼中，海与帆这对完美意象并不仅仅意味着美的所在，更有勇敢、乐观、积极向上的象征意义。60年前，这里诞生了我国最早的航海运动基地，而如今，这里已是享誉全球的帆船之都。

2008年奥帆赛在青岛的成功举办，点燃了整座岛城对于帆船运动的热爱，作为宝贵的奥运遗产，青岛奥帆中心不仅铭记了当年圣火燃烧时的喜悦与辉煌，同时也在重新定位下走近寻常百姓家。借此，越来越多的市民走进奥帆中心，认识帆船，了解航海，使这座帆船之都协同全民真正拥向海洋。

　　一年一度的青岛国际帆船周，每至盛夏8月便与世人如期相约。奥运文化交流、国际帆船赛事、国际帆船论坛、帆船产业、帆船普及、文化体育六大板块全面呈现，可谓中外汇集、雅俗共赏。在帆船周期间，各种活动精彩纷呈。一时间，诸多国际帆船大腕在此云集，友好城市纷纷送来贺礼，精彩赛事轮番上演，豪华游轮一一登场。当然，还有一项最激动人心的内容，那便是"全民帆船体验"活动。

"欢迎来航海！"这并非一句简单的口号，而是一项实实在在的超凡体验。至2012年，该项活动已成功举办三次，10个全民帆船培训基地和15个航海知识普及大课堂成功搭建。100余名教练员参与教学，400多堂课精彩讲述，万余船次帮助一批又一批幸运市民实现了遥不可及的"帆船梦"！

当你来到奥帆中心，你一定会为这里的风景流连忘返。没错，虽然这里又将上演世界杯帆船赛亚洲站的激烈角逐，但暂时告别奥运赛事的紧张气息，这里已然华丽转身，成为集帆船运动、游览观光、休闲购物等众多功能于一身的青岛新地标。这里有堪称"最大奥运帆船百科全书"的奥运广场，有象征世界友好和平的旗阵广场和五环雕塑，有将艺术与科技完美融于一身的奥帆大剧场，还有那风光无限的海景和点点浮动的白帆。这一切的一切，都如梦一般美妙、如画一般斑斓。

帆随风动风不止，心随帆动情愈浓。感受古老的航海文化，体验刺激的帆船运动，就让勇敢的你在这里感悟自然、挑战自我，就让这活力的城在这里涌动激情、超越向前！……

百年青啤　欢动盛夏

曾经听人说，青岛是漂浮于两种泡沫之上的城市：一是大海浪尖舞动的泡沫；另一种则是啤酒涌散激情的泡沫。盛夏来到青岛，你会发现这城市的上空，到处弥漫着浓郁的啤酒芬芳。110年的酿造历史，成就了青岛啤酒的辉煌，也成为所有青岛人的骄傲。吃蛤蜊、喝啤酒是一种专属于岛城的生活方式。一盘鲜美的蛤蜊，外加一扎冰镇啤酒，不知胜过多少餐桌上的饕餮盛宴。

⊙ 奥帆中心

啤酒节盛况

青岛啤酒博物馆

　　青岛人对啤酒的喜爱源于那源远流长的酿造历史和当地浓厚的啤酒文化。当然，这种由大麦、啤酒花、水为基本原料酿制而成的饮品充满了无限神奇，开怀畅饮是一种境界，小杯独酌也无须多怪。街头巷尾，手提散装啤酒的人南来北往，赶着回家就一桌好菜；国宾盛宴，名贵青啤闪亮登场，四溢的酒沫散不尽满屋的余香。1903年，当英德商人在登州路上建起啤酒厂的时候，没有人会想到今天的青岛啤酒承载着青岛乃至中国的光荣与梦想，一举走出亚洲、冲向世界，连同一座城市的赫赫之名，共同载入历史的恢宏篇章！

　　夏日的青岛游人如织，此时，除了享受一场阳光明媚的海水浴，最让游人热血沸腾的莫过于奔赴一场啤酒盛宴。这里有一年一度的夜幕狂欢，这里有百看不厌的异国表演。始创于1991年，青岛国际啤酒节在每年8月的第二个周末正式激情上演，为期16天。亚洲最大的啤酒宴会与您相约海畔、相约青岛！每到此时，五湖四海欢聚一堂，不同的肤色，同样的笑脸，人们大快朵颐，举杯畅饮，欢动盛夏，共享啤酒之激情、霓虹之绚烂、海风之清爽、城市之腾欢！

⬆ 日照

"东方太阳城"——日照

　　在山东省东南部、黄海之滨，一座年轻的城市如同旭日，在这片海滨悄然崛起，日新月异，铮铮向荣，它便是日照。这是一座美丽洁净的滨海小城，也是距离中原地区最近的观海胜地。历史悠久的大汶口文化、龙山文化穿越崭新的城市表象，根植于这片厚土之中；源远流长的太阳文化更是于此起源，带给你迷人的历史想象。蓝天碧海、鸥鸟翔集、风光绮丽、广场霓光。赤礁、细沙、碧海、金沙构成了日照美丽的风景线，吸引着八方来客。

⬆ 日照

　　在地理坐标中，我们找寻日照这座新兴港城的身影。东经118°25′~119°39′，北纬35°04′~36°04′，只见它东临黄海、西接临沂，向南与江苏省连云港市毗邻，向北与青岛、潍坊市接壤。地处海滨地带，在日照总面积达5348平方千米的土地上，由平原、山丘、水域、湿地、海滨等组成的多样地貌，造就了这里丰富的自然景观。

除了自然的馈赠，日照先民们所铸就的辉煌历史，更为这座城市铺就了一条贯穿古今的人文之路。这里诞生了我国远古时期红极一时的太阳文化，也是世界五大太阳文化起源地之一。据考证，《山海经》中载有的汤谷之地和十日国均在今天的日照地区。如今，在东港区涛雒镇天台山上，太阳神石、太阳神陵、东方神龙、日晷等与太阳崇拜相关的遗迹仍留存完好，莒县凌阳河出土的"日火山"和"日火"陶文，同样充分说明了日照地区东夷先民的太阳崇拜传统。现在想来，这整座城市的命名不就是又一生动写照吗？宋元祐二年（1087），朝廷取"日出初光先照"之意，置日照镇，金大定二十四年（1184）置日照县，直至1989年，这里才荣升为地级市，从此翻开了城市历史的新纪元。

如今，人们依旧热爱太阳，尤其是属于这座城市的海上日出。因为濒临大海，只要不贪恋被窝的舒适与温暖，必会赶上太阳公公最壮观的出场。其实，从某种意义上说，正是这片蔚蓝的海洋，赋予了太阳以辽阔的背景和神奇的魔力。人们向往阳光，更热爱着这片迷人的海洋。

海滨一线的风景区片片相连，是这座城市最美的地方，也是游客来此旅行的不二选择。你瞧那山海掩映处，一座高大的灯塔映入眼帘，在那庞然大物的映衬下，茫茫人海仿佛成了"小人国"中的景象。还等什么，赶快融入那人潮，让我们从一座灯塔开始，走进这座陌生的城市吧！

◇ 日照夜景

灯塔景区　点染滨海

从空中俯视，灯塔景区地处日照滨海地带的一块扇形区域内，那圈圈围起、翘首矗立在岸边的绚丽塔影，便是景区的核心所在。滨海休闲、宾馆度假服务、特色商业三大功能区规划有序、全面呈现。在这里，灯塔和自然礁石构成沿海地段的景观主题。护岸与木栈相伴，绿植与金沙对应，呈带状分布的海岸风景集人文、自然于一身，牵万种风情于一塑，加之白色如帆的海亭、绚烂如虹的灯光，使这里瞬间成为一片迷人的海滨和无限欢乐的海洋！

⬆ 灯塔广场

在滨海休闲区，三座各具特色的广场宛如一个巨大的磁场，吸引着无数游客。它们分别是灯塔广场、观石广场和观涛广场。三者紧密相连，与身边的黄海有着一份不解的情缘。

顾名思义，灯塔广场因塔而得名。作为日照这座海滨港口城市的象征，美丽的灯塔自然备受瞩目。它身高36.2米，灯高近40米，能将光束射向18海里的海域。有了它，朴素宁静的滨海小城不仅增添了一道迷人风景，也为港城近海及出入港口的船舶提供了一份温馨的导航服务。2005年之前，这座灯塔的前身虽没有如今这般美丽，但那时它已成为日照最有名的景点之一，吸引了众多游人。或许正是在它的启迪下，日照人民政府进一步加大对沿海旅游资源的整合，这才有了今天呈现在我们眼前的全新风景。在重新塑造下，日照灯塔已脱去原来黑白相间的普通外衣，换上了更加高贵更加坚实的白色大理石装饰，与广场的色调和谐相融。

每当夜幕降临，广场上的身影便逐渐加多。由五彩灯阵和银杏树阵组成的扇形广场此时灯火辉煌。登塔俯瞰，五台阶水幕和两侧水线如流动的音乐，欢畅垂舞；呈放射状的银杏树和景观灯柱相互辉映，愈加烘托出灯塔的高大挺拔。在霓虹灯光的映射下，整片广场流光溢彩，如影如幻。

与灯塔广场毗邻的便是观石广场，它荣幸地身居整座景区的中心地段。在这里，大自然的神工雕琢在景观巨石和海中礁石中得以完美呈现。你看那神出鬼没的礁石辐射四边，总是让人流连忘返。别看它们在涨潮时将身影深埋于大海，可潮水退去后便身不由己地自我暴露！此时的礁石场域成为一片人间乐园。贝壳、海藻依附在礁石上；小蟹、小螺伪装于礁石底，一场人与自然的"捉迷藏"激情打响。玩累了，坐卧于海滨，看万涛涌至，听鸥鸟高歌；歇够了，到广场南侧享受全球海产品购物之趣也不再是奢求的想象。总之，不要怀疑，来到这里，会让你"乘兴而来、尽兴而归"的！

接下来隆重登场的便是观涛广场，这里可是观海听涛的好去处。在夜晚的海滨，古朴连贯的木栈道有无数彩灯点缀，宛如繁星散落接连成河，又如仙女霓裳彩带飘逸。

来万平口　赏海观园

在东港区，乘坐6路车直达终点，你便来到了日照市区内最大的景区——万平口海滨风景区。这里是日照黄金海岸上新兴的旅游胜地，东濒黄海，北接日照海滨国际森林公园。全国十大港口之一的日照港便在景区的南面。据史料记载，早在元代时期，万平口码头便已汇聚南来北往的商船。那时北方人食用的大米皆由南方生产并靠粮船运输至北方，这里便是漫漫运程中的必经之所和停驻驿站，"万艘船舶平安抵达岸口"即是此处命名之美好寓意。

🔻 万平口夜景

↑ 万平口公园

　　如今，"日照风光任您游，观海听涛万平口"已成为响亮的城市标语，吸引着八方来客。在这里，长达4千米的海岸线将遥远辽阔的海洋揽至你的面前。湿润清新的空气、平整宽阔的海滩、明净温和的海水令人心旷神怡。阳光灿烂、波平浪静、海域开阔，正是休闲观光、冲浪戏水的好时节。这里海水浴、海滩浴、海上冲浪、海上飞伞等旅游项目应有尽有，与大海亲近的各种方式任你挑选。

　　2002年，一座生态公园在万平口海滨诞生，以生态和海洋为主题，"人与自然和谐共处"从一句抽象的口号，化身为这园区内的每一处风景。生态广场由生态水池和花之径完美搭配；太阳广场则主推主题雕塑，搭配以海洋元素和魅力花池。此外，一片堪称江北最大的天然潟湖也置身园内波光粼粼、垂柳依依，仔细品味，美丽的湖水既有宁静之美，亦有奔放之态。

绿野仙踪　森林公园

　　这是一片神奇的土地：20世纪60年代，人们在这里种下了一棵棵小树；10年后，这里成长为万亩森林；又过了10年，上万只鸟儿在此找到了爱的港湾，从此繁衍生息……草长莺飞，碧树成林，属于这片水土的奇迹仍在继续。1992年9月，这里被国家林业局正式批准为"鲁南海滨国家森林公园"，也是山东省最大的沿海防护林。

日照海滨国家森林公园地理位置十分优越，它东濒黄海、北邻青岛、西临两石公路、南接沿海大道。 走遍万水千山，边听海涛、边赏森林似乎并不容易实现。然而，在日照的海滨，这片原生态森林公园却可以满足你的"异想天开"。在现世，当一切都可以被克隆、到处遍布人造景观时，这片不曾被打扰过的土地，保持着它天地之初的自然纯朴。

　　这是一座与众不同的森林公园，因为每一棵树都沐浴过温柔的海风，每一棵树苗都是听着大海的歌唱长大的，就像成长于海边的孩子，这里的树木也是格外高大挺拔。这里的森林覆盖率高达73.5%，拥有知名动、植物100余种。走进林区，只见古木参天、翠绿无边，目光所及之处竟是树的世界、绿的海洋，整片大地被覆盖在浓密的树荫下，可谓凉风习习、鸟语花香、空气清新、河道悠长，还有峰峦叠翠、满目青山，身在其中，恍若绿色天堂！

　　由于地处黄海之滨，长达7千米的海岸线汇聚各种海洋元素，为森林公园再添靓景。这里碧海无边、浪缓滩阔、依山傍海、林海相映。细润的沙质，洁净的海水，完美的沙滩，令世人瞩目，更被有关专家誉为"中国沿海仅存未被污染的黄金海岸"。

　　在这里，你可倾听大海的呼唤，感受阳光的温暖，接受沙滩的馈赠，尽享森林的洗礼。你也可走进人文景观，感受人与自然的和谐。林中别致的小屋是为游人特设的别墅和山庄，环境清幽，自有重返自然的无限欢乐；还有水上风情园、姜太公纪念馆、钓鱼中心等体验式旅游期待你的光临，那里有古建筑之神奇，亦有历史文化之悠远。

　　就在阳光暖暖的日子里，让我们走进绿色、亲吻浪花！集林场、海洋于一身，融自然、人文于一处，日照海滨国家森林公园静候你的到来，倾听你热爱自然的心声……

⬆ 森林公园

"东方第一胜境"——连云港

在江苏省东北部，坐落着堪称"东方第一胜境"的城市——连云港。这里山海相拥、港城相连，就在鲁中南丘陵与淮北平原的亲密结合处，亚欧大陆桥东方桥头堡巍然耸立，这便是连云港的所在。这里有位列全国十大海港的亿吨大港，有享誉全国的"水晶之王"，有千古遗迹藏身于山间，有神奇天路诞生于海上，还有人文气息浓郁的花果山、春色满溢的桃花涧、海浪滔滔的渔湾和连绵入海的连岛。走进连云港，让你感受不一样的山海！

这是一座独具特色的山海之城，连岛、云台山和港口共同为城市命名，将山、海、港的城市之景概括得极为精妙。这里东濒黄海，与朝鲜、韩国、日本隔海相望；北接齐鲁大地，与郯城、莒南、日照等市紧密接连；向西与徐州毗邻，向南则与淮安接壤。东经118°24′~119°48′，北纬34°~35°07′，是这座城市的地理坐标，而古时候的郁州、海州以及新中国成立后的新海连市则是它的历史坐标。如今，圣洁的玉兰点缀大街小巷，古老的银杏承载新世纪的畅想，潜力港城、魅力海都连云港正以崭新的姿态前行在发展的浪尖。

⚓ 连云港

从高空鸟瞰，丘陵的倔强与平原的温和，被点滴湖泊、成片滩涂完美地调和，214座大小山峰此起彼伏，53条宽窄河道纵横交错。连云港有标准海岸线162千米，还有21座岛屿于海中星罗棋布。温柔的海风带来湿润的气息，使这里年平均气温保持在14℃，年平均降水930多毫米。南北过渡性气候条件与多样性的地貌，使整座城市的植被既有北方之粗犷，亦有南方之婉约。

走进连云港，让我们从新亚欧大陆桥的零千米起点处启程，由海及陆，由岛入山，去感受这座滨海港市的海之韵、山之情。

↑ 欧亚大陆桥起点

万里之途　东方起点

历史上，一条贯穿亚欧大陆的丝绸之路，曾有力地促进了中西文化的交流，而伴随工业化时代的到来，它渐渐被一条东至中国连云港、西至荷兰鹿特丹全长10800千米的新亚欧大陆桥所取代。这是一条堪称亚欧海陆联运上最便捷、最经济的运输通道，被人们称为"新丝绸之路"。

2008年9月17日下午5点，在江苏省连云港集装箱码头，一声长长的汽笛，响彻苍穹。在人们欢送的目光中，一列由连云港开往莫斯科的列车缓缓驶出站台。这里，便是新亚欧大陆桥零千米起点的所在处。

↑ 连云港至莫斯科火车

的确，在连云港，不仅有海深域阔的天然良港，同时，作为中国海陆重要的交通枢纽，这里还是我国东西货运大通道——陇海铁路的最东端，因此连云港又被称作"新丝绸之路"的东方起点。一个个集装箱整齐地堆放在码头，一列列火车忙碌地南来北往，中西文化于此传递，发展之路从此起航。

↑ 连云港货运

登临连岛 分享海情

炎炎夏日，来到江苏第一大岛——连岛，你却丝毫感觉不到燥热之感。在那迷人的海州湾畔，与连云港港口隔海相望，这座7.57平方千米的小岛上风光秀丽、景色宜人，吸引着无数游客前来休闲度假。连云港连岛海滨旅游度假区将连岛最美的景致融汇在一起，成为国家级风景名胜区——云台山海滨景区的重要组成部分。

在美丽的连岛上，有江苏省最大的海滨浴场，人们亲切地称之为"大沙滩游乐园"。长约1800米的沙滩，为蔚蓝的大海边画上了一道金灿灿的轮廓，成为游人嬉戏踏海的欢乐世界。这里沙质细腻、海水洁净，温和的水温让你与大海在亲密接触时毫无隔阂之感。继成功入围连岛三大景观之后，这座天然优质的海滨浴场，在华东地区健康型海水浴场中更是屈指可数，逐渐为世人瞩目。

都说在连云港的连岛，有一处情人湾。那里飞流直下的瀑布、难得一见的"海天一色"、海誓山盟的实景以及大小各异的海蚀石等奇妙景观，构筑了一片令年轻人心向往之的度假天堂。在浪漫的命名下，其实掩藏了一个更为人熟知的名字——苏马湾。这里三面环山，一面向海，宛如桃源仙境独立于岛中。独特的地理位置和丰富的自然资源造就出一片迷人的生态园。清新的空气中，满是大海咸潮的呼吸；山峦起伏间，满是苍翠欲滴的新鲜；时而有禽鸟飞过，直冲向海面；时而有蝉声点点，深藏于树间……

连岛

🔅 山盟海誓

临山望海，只见那茫茫大海之上，一条"长龙"横卧于海波，甚是壮观！它便是大名鼎鼎的"神州第一堤"——连云港拦海大坝。

这是目前为止我国最长的一条拦海大坝，它全长6.7千米，顶宽12米，路面净宽10米。在坚实的大坝上，高达8.7米的弧形挡浪堤叠加搭建，构成了一条坚不可摧的"海上长城"。一条大坝通天堑。如今，从连云港市区前往连岛度假，人们无须绕远而行，通达的海上长坝让你用最短的时间便能抵达魅力彼岸。白天，大坝横卧海中朴实无华，汇聚众多钓鱼爱好者前来凭栏垂钓；夜晚，大坝则换上霓裳风情万种，如一条灯火长龙，嬉闹在月光粼粼的海浪中。

🔅 拦海大堤

"江海明珠"——南通

这是一片几千年的海上沙洲,这是一座历史悠久的文化名城,地处长江三角洲北岸,东濒黄海,南望长江,美丽的南通城可谓"据江海之余、扼南北之喉"。在这里,横跨江水的苏通大桥将其与苏州紧密相连;隔江远眺,灯火阑珊处正是经济最发达城市上海的万家灯火。城在水中坐,人在画中游,无论是濠河夜景中的缤纷长廊,还是海滨一线处的万亩滩涂。无论是历史悠久的缂丝文化,还是自然天成的江海美景,来到南通,必会让你看到不一样的江海,感受不一样的城风……

6000多年前,滚滚长江东流入海,将上游大量泥沙挟卷至江口,就此沉淀;不断的沉积作用,逐渐自西向东、向南延伸扩展,将一片沙洲最终连接成陆,于是便有了南通。从地图上看,整座城市三面环水、一面为陆,呈一个不太规则的菱形状。区域内除了狼山低丘起伏外,皆为海拔五六米的平原地带。在老城区内,一条宛如珠链的濠河绕城而过,将两岸风景一一串联。

温柔的海风,吹醒了城中的玉兰枝芽儿,也带来了那东边大海的呼唤。在南通,明显的海洋性气候不仅有着充分的雨水,还有那分明的四季、无限的景色。"一川烟草,满城风絮"。短暂的春风过后,便是这令人心动的盛夏。六七月间,梅雨纷纷飘洒鲜亮了树上的青梅。每到此时,游人们便不约而同地到此旅行,赏一赏那濠河两岸的夜色,听一听那黄海之滨的涛声。

⬇ 南通

赏濠河夜景　品历史名城

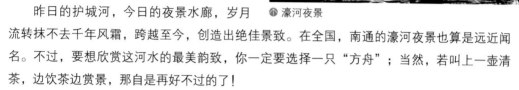

这是一条有着千余岁高龄的老河。在历史上，她护城、排涝、运输、供饮用，可谓功高无量。宽窄有序的河面、清澈通畅的水流在此迂回荡漾，吸引着鸥鸟前来戏水，也无形中养肥了河中的鱼秧。

昨日的护城河，今日的夜景水廊，岁月

🔵 濠河夜景

流转抹不去千年风霜，跨越至今，创造出绝佳景致。在全国，南通的濠河夜景也算是远近闻名。不过，要想欣赏这河水的最美韵致，你一定要选择一只"方舟"；当然，若叫上一壶清茶，边饮茶边赏景，那自是再好不过的了！

从坐上精美的画舫游艇那一刻起，一种激动的心情便油然而生。环顾艇中，只见它长约6米、宽近3米，两侧全开式窗口可让游人零距离感受这河水的气息。不知不觉，水推船移，喧闹的濠河渡口已渐渐远离。游艇以每小时15千米的行速缓慢前行。此时，一个如梦如幻的霓虹世界向我们缓缓走来。错落有致的建筑物于河畔鳞次栉比、温情致意；亭台桥榭、花草树木披着满身金光，倒映在河中，叠影重重，五光十色。

此时，夜幕中的濠河俨然变成了霓虹中的水精灵，她把两岸的一切都涂抹上彩妆，变得色彩万千、风情万种。然而，你或许不知，这些被色彩装点的建筑并非寻常之物，它们可是历经岁月沉浮中的古老化石。省级文物保护单位天宁寺和光孝塔，矗立在濠河北首；三元桥和文峰塔，则居身于濠河东南。中国最早的博物馆——南通博物苑，位于风光旖旎的东南濠河之滨；旧时五公园改建后的"文化娱乐集中营"，则处于西南濠河之畔。

爱上一座城，你无须太多的理由，景色也好、人文也罢，越是说不清道不明，越是这城市的迷人之处。在南通，古老的缂丝技艺，挑经显纬，穿梭引线中编织出不老的艺术情怀。这里诞生了中国第一所刺绣学校，而南通缂丝更属缂丝中之最古流派。看似粗犷的面料中，处处隐藏着细腻精致之妙，精美的沟纹流露出迷人的艺术气息。南通缂丝，延宕千年的美丽，2009年它以"中国蚕桑丝织技艺"中的一部分，列入世界非物质文化遗产名录，为美丽的城市再添辉煌。

江海锦绣，人杰地灵，属于南通的历史辉煌，远不止这悠久的缂丝技艺，它还别有称谓，那便是"中国近代第一城"。这又从何说起的呢？原来在中国近代文化科教史中，南通一举夺下7个"第一"：第一所师范学校、第一座民间博物苑、第一所纺织学校、第一所刺绣学校、第一所戏剧学校、第一所国人创办的盲哑学校、第一所气象站。众多第一，不仅铸就了南通昔日的辉煌，也记录着战乱年间一个又一个实业家的奔走与艰辛。

海滨寺庙　海韵悠长

　　感受了城区河景的古韵悠长，我们来到南通如东县，去拥抱一望无际的海洋。在这里，高高的风车排排站立，平整的公路条条成行。驱车行驶至如东沿海经济区，只见一座气势宏伟的庙宇于大海之滨蔚然宁居。它便是千里海疆第一寺——海印寺。

　　一听这名字就知道它与大海有着难解之缘。背靠大海，整座庙宇由低向高共分四大区域。随着游人脚步的深入，气派的山门、龙王殿、观音殿、宁海阁等主要建筑将一一呈现。

　　在佛教经典《大方广佛华严经》中，"海印三昧"实乃"海印"一词的出处，意思是说佛法就如大海之水，包罗万象、浩瀚博大，蕴藏着宇宙万物之真理。如此想来，这寺庙的命名倒有几分滋味。大海之中，潮涨潮落；大海之上，云卷云舒，真可谓"宝刹静思，人生如海"！

　　海印寺这座滨海宝刹不知承载了多少人的希望、多少人的述说、多少人的冥思。离开古寺，那袅袅的香火依然升腾于庙宇上空，也依旧点燃在每个沉思者的心中……

🔱 海印寺

海上迪斯科　空中交响乐

在南通的如东县，大自然对这片土地最无私的馈赠，便是那面积多达104万亩的广阔滩涂。这里天高海阔、野趣天成。在看似安寂的滩涂下，文蛤、四角蛤、西施舌等数十种珍稀贝类正过得滋润。其实，不等它们相互干扰，来自游人的动感舞步就早已打乱了它们的节奏。于是，人们便会惊奇地发现这些可爱的小家伙一一冒出头来，不知不觉，成了孩子们小水桶中爱不释手的玩物。

这是世界上最大的迪斯科舞场，它没有动感的音乐，没有炫丽的灯光，但有天高地阔、大海无垠。在这里海风为箫，海浪做鼓，海鸥的鸣叫便是悦耳的舞曲，邀你来此，跳一曲"海上迪斯科"，脚下便会唤出一只只神奇的文蛤，色彩斑斓，粒粒饱满。

这"迪斯科"的由来，还要从古老渔村的劳作中说起。正所谓艺术源于生活，靠渔业发家致富的长沙镇三民村村民是这项活动最初的发明者。其实，所谓的"海上迪斯科"更确切的说法是滩涂踩蛤。按照古老的踩蛤方法，渔民们来到滩涂会将两脚分开，晃动腰肢，用力踩踏，均匀移动，一番活动之后，沙土便逐渐被踩活。此时，脚板底下一只滑溜溜、泥乎乎的文蛤便露出滩面，俯拾即是。这富有韵律的肢身摇摆，在人们看来就如跳上一段迪斯科，节奏鲜明，心生欢乐。谁能想到，这种愉快的劳作方式竟成了今天这片滩涂上独具特色的旅游项目。

⬆ 踩蛤

"海上迪斯科"集文化品位与海天情趣于一身，每年5~10月的黄金季节，海内外众多游人便会来到南通如东，找寻这片广袤的海滩，加入这片欢乐的海洋。褪掉鞋袜，让四肢随意舒展，让思绪自由飞翔。在海天之间，在人与自然的紧密相融处，跳一支动人的天籁之曲，让大海沉醉、让文蛤轻癫……

"万里的黄海水连天，我家住在黄海边。一年四季十二个月，月月的鱼儿离水鲜……"伴随着当地人悠扬的民歌，小小的如东也如这串串歌声，带给人们无限惊喜。就在同一片滩涂，腾空跃起的风筝在哨口的鸣奏中上演了一段极为壮观的空中交响。

说起我国放风筝的历史，那可是源远流长。发展至今，风筝家族主要形成了两大派

🔼 南通板鹞

系，一派为"北鸢"，即京津地区和山东潍坊的风筝；另一派则为"南鹞"，即南通风筝，如东的风筝亦属此派。该种风筝以板鹞为主，质地坚硬，板鹞硕大、平整如板。以六角形为基础形状，通过组合变化，便可制成成串联星式的板鹞。除了外形上，小小的哨口可谓南通风筝的一大亮点。数十、数百乃至上千只大小不一的哨口装在这缤纷的风筝上，腾空而起、随风而行，便会发出不同的音响，宛如一支雄浑的空中交响乐，这在全国也算是绝无仅有。

"淮南江北海西头，中有一泓扶海洲。"这其中的"扶海州"说的便是今天的南通如东。广阔平坦的滩涂上，迎接着八方来风，刚好为放风筝提供了一处天然佳所。生活在这海边的人们，不仅关注海洋，同样也格外热爱这一片蓝天。就在"海上迪斯科"刚刚兴起两年后，人们又为这片滩涂注入了更多的希望。1990年初春时节，一场10万观众参与、盛况空前的"空中交响"音乐会在此隆重上演。上百只风筝形状各异、比高竞翔，在湛蓝的天空中释放激情、追逐梦想。独具特色的哨口在海风的吹动下激情唱响。它们大小不一，发出的声音高低起伏，五音和谐，古朴幽远，声震四方。

远方的朋友，当你看到这片辽阔的海滨"广场"，你一定会觉得都市中的广场早已不能满足你放逐风筝的完美体验。那么，何不带上你的宝贝风筝，到这大海边一享这别具情调的闲暇时光……

港口与航线

茫茫黄海中，一条条潜隐的航线，串联起沿岸的风景，让远航的船只不再舍近求远，不再无依无傍；绵延海滨处，一座座沸腾的港口，迎送着往来的货物，让万里海行从此有了使命，更有了希望。港口与航线，一个在岸上，一个在路上。就在这海上往返中，生命奋斗不息，财富滚滚而至，文化传播四方……

青岛港

货运

夜空瞰海，座座港口宛如一颗颗璀璨的星，点缀着动人的黄海，也牵动着未来的港城。那是巨型船影停靠在码头，那是万吨货物运输至海港；迅捷的机械操作、整齐的调度口令，让每一个港人热血沸腾，让每一艘货轮满载而归。

在若干种货物运输方式中，海上货运可谓国际贸易运输中的"主力军"。在我国黄海沿岸的各人港口，那些"整装待发"的进出口货物，便是等待通过海上运输来送到世界各地的。相比陆地运输，辽阔的黄海为海运提供了一个巨大的平台，运输量大，通行能力强，运费低廉。在这里，面对黄海彼岸的韩国、日本、朝鲜，甚至更需北上的俄罗斯，我们再不用望洋兴叹。偌大的东北亚地区在此"缩小"为地球村中的一小片，彼此国内的新鲜货物借助海上巨大的船只漂洋过海，安稳地送达黄海之滨的另一片国度。

⚓ 日照港

　　起锚远航，乘风破浪，就在那黄海之中，巨大的货轮装载着沉甸甸的货物，沿着航线驶向远方。俯视黄海，辽阔的蓝色版图中，跨越海洋的各条航线与经纬线隐形交汇，绘制出繁复而有序的交通网络，而那些堪称"庞然大物"的货轮，则顿时缩小为一个个小点，化身为使者奔波于大海之上。黄海海运，不仅实现了海洋两岸国家与地区之间货物的便捷运达，更促进了彼此间的深入交流与合作。繁忙的海运枢纽，联结着东北亚各地节点，缔造着属于这片区域的辉煌！

　　就在黄海之滨的海港口岸，那些色彩斑斓的集装箱欣然地找到了自己的港湾。辽阔而平坦的空间，是它们在此汇集的佳所。刚刚结束一段漫长的海上之旅，或是即将踏上去往异国的征程。总之，在这里，它们可以稍作休整，准备下一次起航。

　　黄海沿岸，绵长蜿蜒的海岸线形成了若干水深域阔的大型海港。"胸怀大海、客容天下"的大连港，"内抓素质、外树形象"的青岛港，"义利共济、充满活力"的日照港，这些在全国赫赫有名的海港码头，以一个又一个新的数字频频刷新纪录、不断超越自我。

　　地处东北亚经济圈的中心，大连港可谓是该区域走向太平洋、面向全世界的海上门户。拥有生产性泊位196个，港口通过能力3.2亿吨，集装箱通过能力近800万标箱，大连港以泊位最多、功能最全、进出港船舶最多和现代化程度最高四项中国之最，构成了我国最大港口

群。从大窑湾至老虎滩，近百千米的海岸线上平均每4千米就有一座港口守候，实乃中国港口密度最高的"黄金海岸"。

青岛港，位于山东半岛南岸的胶州湾内，是一座121岁的古老海港。这里是太平洋西海岸重要的国际贸易口岸，也是海上运输的重要枢纽，拥有15座码头、72个泊位，青岛港与世界130多个国家和地区的450多个港口有着频繁的贸易往来，是"平安福港、效率快港、实力强港"。在这里，世界上有多大的船舶，青岛港就有多大码头；在这里，无论船多大，无论装载的货物如何，青岛港人都会在10小时内装卸完毕。2012年12月，青岛港吞吐量成功越过4亿吨大关，矿石卸船效率第19次打破世界纪录。这一切，都让外商大开眼界、赞不绝口。我们没有理由不相信，属于这座港口的奇迹仍将继续……

伴随我国改革开放的步伐，日照港于黄海之滨诞生并迅速崛起。这里是新亚欧大陆桥东方桥头堡，也是国家重点规划建设的沿海主枢纽港。1986年正式开港以来，短短20年港口吞吐量便突破1亿吨，成为全国最年轻的亿吨大港。这是一片极具活力的海湾，日照和岚山两大港区共同助力日照港，目前已拥有32个生产泊位。2012年，日照港吞吐量突破2.8亿吨，年累计刷新生产纪录249项，新开5条集装箱航线和2条散货航线。这一切，都为这座年轻的海港再添坚实的臂膀，面对大洋彼岸腾空远翔！

⬆ 大连港

客运

在过去，一片汪洋阻隔了彼岸所有的想象；面对黄海，人们终究是一筹莫展、难越天堑。后来，有了客船，凭借一张单薄的船票，人们便可以自由往来，感受异地风采。一大清早，那轮渡客运码头便早已客流如织、人影攒动。阵阵轰鸣的汽笛，唤醒了沉睡的码头，也点燃了人们新一天的希望。不断升级的客船不知从何时一跃成为舒适的客轮，迎接着幸福的滨海居民，乘风破浪，驶向彼岸。

穿梭于两点一线之间，一艘艘客轮可谓海上客运的绝对功臣。流金岁月中，海上客运也在时代大潮中日新月异，不断超前。它见证了逐渐变换的时代风景，也在与陆上运输的激烈竞争中面对新一轮的挑战。超越最单纯的交通意义，如今的海上客运，已被一种新的发展模式注入了不一样的诠释，那是带动旅游经济的"海上狂澜"，那是服务社会的万千舞台，是传播文化的重要媒介，更是幸福指数的生动体现……

在黄海沿岸的众多城市中，有着近30年历史的青岛轮渡，可谓众城轮渡之生动缩影。亲历她的历史发展，你便可窥见黄海客运的往昔与未来，便能感受时代发展的突破与腾飞。

自20世纪80年代末规划建设，青岛轮渡客运站已在海港码头服务岛城近30年。由青岛至黄岛、青岛至薛家岛两条航线组成，以往轮渡每天的客流量平均高达2万人次。别小看这普通的交通工具，正是这些如期而至的往返客船，保障了成千上万名旅客来往于胶州湾两岸。日复一日，年复一年，两岸经济迅速发展，城市面貌日新月异，眼看着年轻的客运站逐日变得苍老，崭新的客船慢慢被海水浸染斑斑。

随着青岛海湾大桥（胶州湾跨海大桥）和胶州湾海底隧道相继开通使用，青岛东西海岸实现"同城化"不再是"痴人说梦"，然而从此却令海上客运"夜不能寐"。往日的轮渡运

青岛轮渡

行空间被大幅压缩，每日客流量一下降至5000人次；此外，青岛至薛家岛航线更要面临停运的现实。在前所未有的冲击下，青岛海上客运迎难而上，积极应对，大刀阔斧，转型重建。就在不远的将来，崭新的两层轮渡客运站、外配屋顶绿化广场和大型公交停车场，将在原址拔地而起，成为新"岛城地标"。

　　这一边，古老的轮渡正在紧锣密鼓地转型重建；那一边，伴随歌诗达邮轮停港靠岸，一个属于岛城的邮轮母港时代正式拉开了序幕。2011年6月，一个庞大的白色船影从蔚蓝的海面上平缓驶来。艳黄明亮的烟囱，搭配企业识别标志的C形字母，显得霸气十足；洁白一身的装扮，在一汪碧蓝中清透夺目，似一股由地中海飘来的浪漫之风，停驻在远隔万里的黄海之滨。

　　这一天，近300名海内外游客从青岛大港码头登上传说中的歌诗达"经典"号邮轮，开始了他们为期6天的海上之旅。这是该公司在青岛开设的一条豪华游轮定班航线，一路将游历韩国仁川、济州和中国上海等城市，预计游客将达2万人次，可谓绝世空前！

胶州湾跨海大桥

⬆ 歌诗达"经典"号邮轮

　　这是一次极具浪漫情怀的梦幻之旅。"经典"号集邮轮风情于一身，精美的装饰宛如一件件极为考究的艺术品，渗透出意大利人独有的艺术情怀，齐全的设施、舒适的房间、温馨的服务、极具异国风情的歌剧表演都令每一位游客恍若走进海上皇宫，尽享梦中的奢华体验！

　　作为黄海之滨的重要港口城市，青岛借助"帆船之都"的城市之名，日渐为世界所瞩目。得天独厚的港口条件，为助力邮轮经济的发展再添动力。随着歌诗达邮轮的驶入和更多国际旅游航线的开辟，单纯的经停港时代早已结束，与此同时，更具活力的母港经济时代正向我们走来。

　　时光荏苒，古老的轮渡日渐成为一座城市的共同记忆，而由海上交通向海上旅游的重新转型，则使港城迎接着一个更加辉煌的未来。打造高端海上旅游产业，点亮滨海黄金海岸，在不久的将来，一艘艘废弃的老客船将化身为豪华游轮，带领游客穿越重重海湾，领略海上的风景万千；一座座破旧的码头将化身为别致休闲区，迎接八方来客，服务港城无限。我们不禁感叹：魅力黄海，缤纷海城，海上客运的风云变幻竟是如此斑斓！

黄海，一个多么美好的意象，正是那样一片深蓝，综合了世间百态、风情万千；正是那样一份珍贵，吸引了万众瞩目、全球奋起。在这个堪称海洋的世纪里，希望这本《黄海印象》能够带你走近这片迷人海域，去感受她的美丽、她的博大、她的沧桑，以及她的未来！即刻起程，踏上那只"心之所向"的帆船，去抵达写满宏愿的理想彼岸。

图书在版编目（CIP）数据

黄海印象/曲金良，赵成国主编. 一青岛：中国海洋大学出版社，2013.6
（魅力中国海系列丛书/盖广生总主编）
ISBN 978-7-5670-0333-0

Ⅰ.①黄… Ⅱ.①曲… ②赵… Ⅲ.①黄海－概况 Ⅳ.①P722.5

中国版本图书馆CIP数据核字（2013）第127076号

黄海印象

出 版 人	杨立敏		
出版发行	中国海洋大学出版社有限公司		
社　　址	青岛市香港东路23号		
网　　址	http://www.ouc-press.com		
策划编辑	王积庆 电话 0532-85902349	邮政编码	266071
责任编辑	王积庆 电话 0532-85902349	电子信箱	wangjiqing@ouc-press.com
印　　制	青岛海蓝印刷有限责任公司	订购电话	0532-82032573（传真）
版　　次	2014年1月第1版	印　　次	2014年1月第1次印刷
成品尺寸	185mm×225mm	印　　张	10
字　　数	80千	定　　价	24.90元

发现印装质量问题，请致电0532-88785354，由印刷厂负责调换。

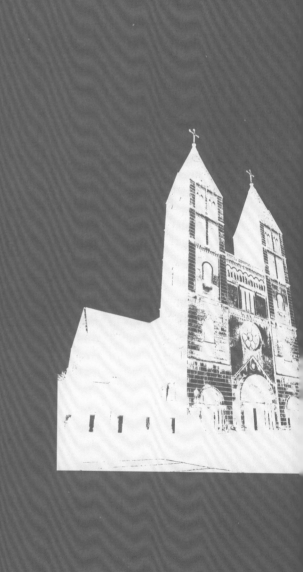

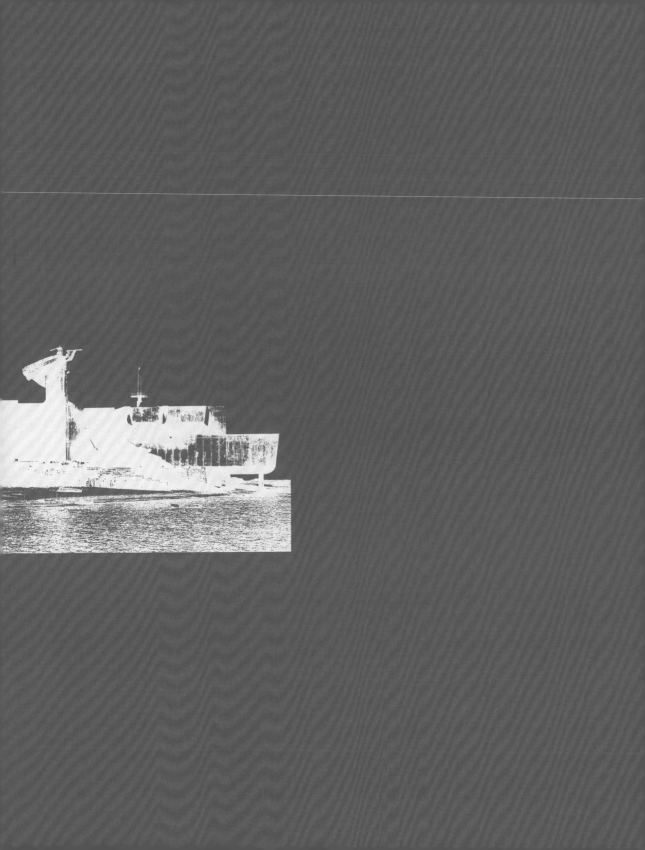